大師精選輯 2
陳文正的世界麵包

Master featured 2　Chen wen-zheng's bread world!

陳文正―著

★ 十五屆教育部
「技職之光－教師獎」

★ 2020/2016
德國 IKA 奧林匹克世界
廚藝競賽金牌＆銅牌

作者序

　　出生單親家境並不優渥，母親期盼我能自力更生，於是介紹我到麵包店當學徒，直到服完兵役退伍後，繼續從事烘焙相關行業至今共30年，從麵包店至西餐廳再到五星級飯店點心房工作，由國立餐旅大學烘焙管理系及國立海洋大學兼任專技助理教授共十餘年，現職在北部餐飲系最知名的『北景文』景文科大，擔任專任副教授技術級教師。

　　任職期間除了自己參加多項國際世界賽事得獎，也多次帶領學生征戰亞洲及世界多個城市與國家，連連獲獎，個人與所指導的學生，前後榮獲教育部『技職之光 - 競賽績優獎』殊榮肯定。並多次獲邀擔任經濟部商業司『台灣餅』選拔審核委員，也在『全國技能競賽』及『全國商業類烘焙技藝競賽』擔任裁判、命題及裁判長職務，執行過多次烘焙檢定考場監評及全國考場業務稽核委員，無論是在教學經驗或技術專業能力，皆有完整的實務歷練。

　　《大師精選輯2陳文正的世界麵包》是個人的第四本著作，跟先前《NEW藝術麵包製作大全》與《百變蛋糕裝飾》這兩本著作的技術方向與領域截然不同，前兩本是烘焙藝術製作技術類型，而這本新書是一本麵包烘焙實務教學專書，裡面匯集了我個人畢生所學，來自世界各地專業麵包食譜製作，分為台式風味麵包、裹入油類麵包、歐式麵包、藝術麵包。讓讀者能學習到流行於世界各地的美味麵包手法。

　　除此之外本書籍更添加了專業的藝術麵包專業項目，是一本讓您在輕鬆學習後就能製作的烘焙專業食譜著作，書籍內容精緻且多樣化，絕對值得消費者您的青睞與典藏！

景文科技大學餐飲系副教授級技術教師 **陳文正**

Preface

Born to a single parent, my mother hoped that I could be self-reliant, so I was introduced to the bakery as an apprentice, until the end of the military service after the discharge, continue to engage in bakery-related industries so far for a total of 30 years, from the bakery to the Western-style restaurants and then five-star hotels to work in the snack room, by the National Catering University of the Department of Bakery Management and the National University of the Ocean part-time assistant professor of the specialized skills for a total of more than a dozen years, and is now working in the northern part of the Department of Food and Beverage's most well-known 『North Kingman』 Kingman College as a specialized associate professor of technology level teachers. She is now working as a full-time associate professor and technical instructor at JUST.

This book is my fourth book, which is very different from the previous in terms of technical direction and field. The first two books are baking art production techniques, while this new book is a bread baking practical teaching book, which contains a collection of my lifelong learning, professional bread recipes from all over the world, including Taiwanese-style breads, Taiwanese-style breads, Taiwanese-style breads, Taiwanese-style breads, and Taiwanese-style breads. It is divided into Taiwanese-style bread, bread with oil, European-style bread and art bread. The book is divided into Taiwanese Style Bread, Bread with Oil, European Style Bread, and Art Bread. It allows readers to learn delicious bread techniques that are popular all over the world.

In addition, this book also adds professional art bread specialty items, is a book that allows you to make professional baking recipes after easy learning, the contents of the book is exquisite and diversified, definitely worth the consumer's attention and collection!

推薦序

陳文正老師加入我們景文科大餐飲管理系的團隊已經近七年了，在這段期間，平時除了在校教職烘焙授課，更帶學生出國參賽，在東南亞新加坡及歐洲德國與盧森堡比賽相繼得獎，成績優異，又指導劉姿伶、廖正宇兩位同學榮獲教育部「技職之光 - 學生組」獎及林珈萱同學榮獲『全國優秀青年獎章』，自己也積極參加各項國際烘焙大賽，獲獎佳績卓著，因此在 2019 年榮獲教育部第十五屆「技職之光 - 教師組」最高榮譽獎。除此之外，陳老師也多次獲聘邀請擔任全國技能競賽、全國商業技藝競賽等烘焙類的裁判及命題委員，也在 2020 年擔任新加坡 FHA 及馬來西亞 WCC 國際廚藝競賽裁判，技術才能十分傑出卓越。

《大師精選輯 2 陳文正的世界麵包》這本書內容非常豐富，除了加入台灣農特產的特色甜麵包與各式歐式麵包，還包含有裹油類的起酥、丹麥、可頌麵包及藝術展示類的工藝麵包組合，各種烘焙麵包常用材料及工具的介紹，以及烘焙實務專業常識分享，這本精彩的著作，值得同學們人手一本，成為多方位學習麵包製作，啟發烘焙專業必備的參考用書。

景文科技大學餐飲管理系 系主任 蔡淳伊

《大師精選輯 2 陳文正的世界麵包》新書即將問世，我們有幸得以一窺陳文正老師豐富而深厚的烘焙經驗與技藝。陳文正老師在烘焙產業擁有豐富的資歷與非凡的成就。他在國內外各大比賽中屢獲殊榮並無私地將自己的技藝與經驗傾囊相授，培育了無數優秀的後輩。我們常一同擔任經濟部商業發展署臺灣餅評審委員，這段共同工作的時光，讓我深刻體會到陳老師對烘焙的熱愛與專業。陳老師在國立臺灣海洋大學、大葉大學、稻江科技暨管理學院及國立高雄餐旅學院的教學經歷，培養無數優秀的烘焙人才。不僅在學術領域有所成就，更是在高雄霖園、晶華、漢來等多家知名飯店的點心坊中累積寶貴的實戰經驗。陳老師的專長涵蓋西點、蛋糕、麵包與餅乾等烘焙食品，尤其在藝術麵包與蛋糕裝飾方面，更是精湛無比。

《大師精選輯 2 陳文正的世界麵包》不僅是一本技藝指南，更是一部充滿情感的生命記錄。透過這本書，讀者們將能夠感受到陳老師對麵包藝術的熱愛，對技藝傳承的執著，及對後輩無私的指導。希望這本書能夠帶給大家更多的靈感與感動，讓我們一起走進陳文正老師的麵包世界，感受那份真摯與熱情。

台北市烹飪商業同業公會 常務理事 黃景龍

推薦序

　　陳文正任職於景文科技大學七年有餘，之前曾在許多學校教學過，他個人很用心研修藝術麵包新技術，培育數多烘焙新秀學子得獎，曾帶領學生一起前往歐洲參加 WACS 認證最高規格賽事，在德國 IKA 奧林匹克世界廚藝競賽及盧森堡世界盃國際廚藝競賽榮獲多項獎牌，並參與協助行政院勞動部辦理的『全國技能競賽麵包職類』及教育部國教署辦理的『全國技藝競賽烘焙職類』裁判一職克盡職責完成國家賽事推動，同時也是 WACS 世廚認證的國際評審。

　　透過陳文正老師的細部解說與完整示範分享，相信烘焙愛好者們一定能夠獲益良多學到最精華的技術。研讀這本書會讓您受益良多，能學習最正確的麵包製作觀念與學問，在此真心推薦給所有喜愛烘焙的朋友們。『大師精選輯2 陳文正的世界麵包』聚集了陳老師近30年所學的烘焙技術，值得為您推薦。吃得飽是科技、吃得好是經濟、吃得巧是人文、能將烘焙好吃技術傳承是一種永續，這本書能看到流傳於世界各國烘焙產品技術，是本值得您細細品味的經典著作，值得讀者們青睞與收藏。

弘光科技大學 餐旅管理系 專技副教授 **黃汶達**

　　文正老師在業界多年的經驗，轉任學校擔任技職專業教師，傳承在業界所學技能，文正老師在藝術麵包專業技能上榮獲國際廚藝競賽肯定，並在教學領域上培育了許多位技職之光，自己並榮獲技職之光教師獎，榮獲教育部肯定，在專業技能上也參與國際競賽評審及烘焙食品技能裁判。

　　文正老師累積多年的實務經驗彙整成冊出版專業書籍，傳承畢生所學烘焙技能，出版專業書籍以傳承為目的，讓莘莘學子們能藉由專業技能專書來學習烘焙產品，學子們能夠藉由圖文來製作產品，讓產品能夠完美呈現，文正老師學經歷實屬難得，相信學子們能從本書籍學習到專業技能。

樹德科技大學 餐旅系主任 **林宥君**

目錄 ▶ Contents

作者序 ………………………………………………………………………… 002
推薦序 ………………………………………………………………………… 004
烘焙常用機具 ………………………………………………………………… 008
烘焙常用工具 ………………………………………………………………… 010

Chapter 1　台灣風味甜麵包

甜麵包麵糰配方 ………………………… 013	屏東椰子愛心甜麵包 ………………… 024
宜蘭三星蔥花麵包 ……………………… 014	大甲芋頭長四方沙菠蘿 ……………… 028
肉鬆海苔芝麻麵包 ……………………… 016	澎湖黑糖地瓜沙菠蘿 ………………… 030
古坑咖啡墨西哥麵包 …………………… 018	白糖菠蘿 ……………………………… 032
屏東紅豆麵包 …………………………… 020	巧克力可可菠蘿 ……………………… 034
馬蹄形紅豆麵包 ………………………… 022	鹹味蔬菜菠蘿 ………………………… 036

Chapter 2　裹油類麵包

裹油類麵糰配方 ……………………………………………………………… 040
大理石麵包（八結、方塊）………………………………………………… 042
丹麥吐司 ……………………………………………………………………… 046
雙色牛角可頌 ………………………………………………………………… 048
丹麥麵包（四角花瓣、船型領結、風車等造型）………………………… 052

Chapter 3　一般麵包 & 歐式麵包

老麵麵糰配方…………061	黑眼豆豆麵包…………080	娃娃紅豆麻糬麵包……096
芒果核桃歐式麵包……062	義大利佛卡夏麵包……084	核桃肉桂捲……………100
法式愛心紅棗麵包……066	香蕉麵包………………086	墨西哥莎莎餅麵包……104
瑞士辮子麵包…………070	歐克巧克力麵包………088	日式白麵包……………106
韓國 QQ 麵包…………078	猶太貝果麵包…………092	法式馬卡龍南瓜麵包…108

Chapter 4　藝術麵包

藝術麵包的麵糰特性……………113	烘烤溫度、時間與黏著組合………148
台灣美食展展出作品……………114	高跟鞋………………………………152
奶油麵糰……………………………118	圍棋…………………………………154
糖漿麵糰……………………………119	戰鼓…………………………………156
糖漿巧克力麵糰…………………120	鬼面盾甲兵…………………………158
玫瑰麵糰……………………………121	臺灣藍鵲……………………………162
發酵麵糰……………………………122	臺灣黑熊……………………………166
在來米麵糰…………………………123	麵包花………………………………172
麵糰顏色形成與變化……………124	女神…………………………………176
藝術麵包的製作技巧……………125	

一般麵包 & 藝術麵包

烘焙常用機具

01 旋風烤箱

02 均質機

03 天然酵母菌發酵機

04 果乾機

05 桌上型攪拌機

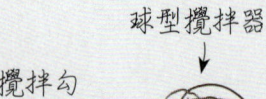

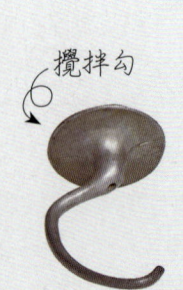

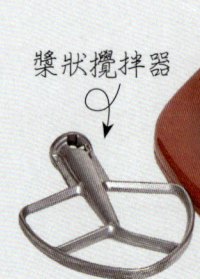

攪拌勾

球型攪拌器

槳狀攪拌器

06 發酵箱

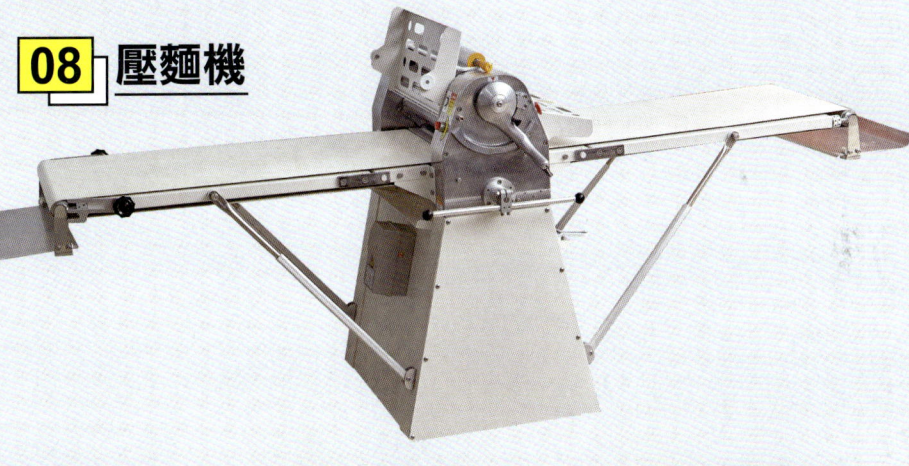

07 烤箱

08 壓麵機

09 急速冷凍

10 冷凍

11 冷藏

一般麵包 & 藝術麵包

烘焙常用工具

01 常用器具

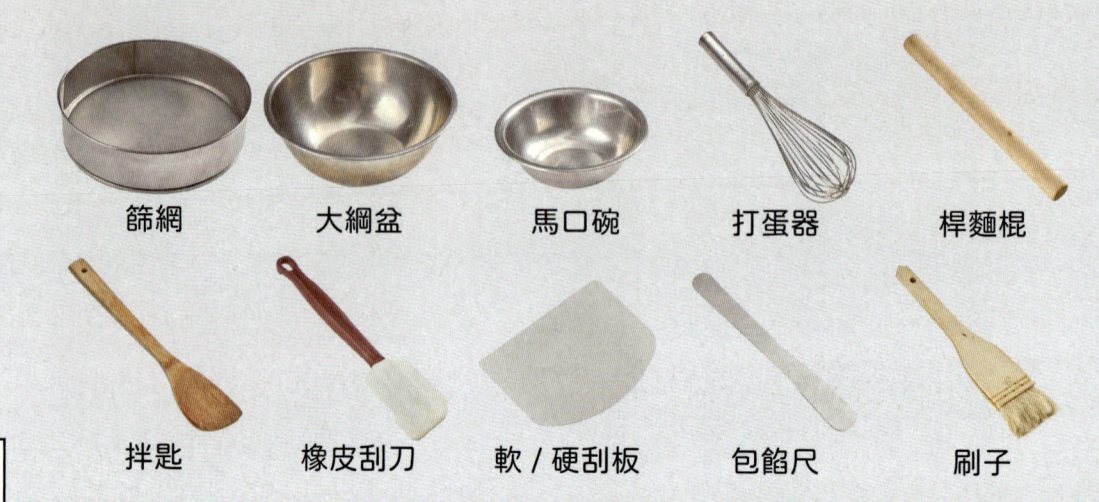

| 篩網 | 大綱盆 | 馬口碗 | 打蛋器 | 桿麵棍 |

| 拌匙 | 橡皮刮刀 | 軟/硬刮板 | 包餡尺 | 刷子 |

02 測量工具

| 量杯 | 電子麵糰溫度計 | 電子秤 | 60公分 & 30公分量尺 |

03 刀具

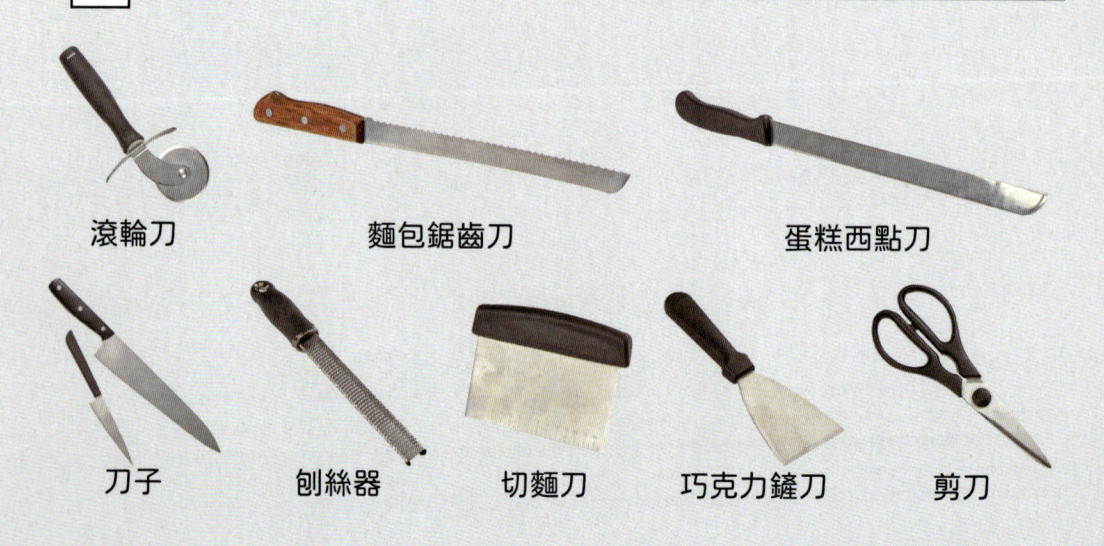

| 滾輪刀 | 麵包鋸齒刀 | 蛋糕西點刀 |

| 刀子 | 刨絲器 | 切麵刀 | 巧克力鏟刀 | 剪刀 |

04 模具 & 容器

圓切模 　　　吐司盒 　　　麵包盤

05 烤箱使用工具

透氣烤焙墊 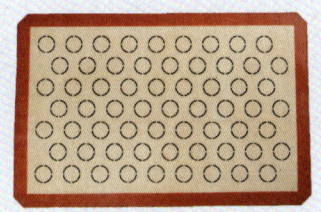　　　矽膠烤焙墊 　　　烤盤

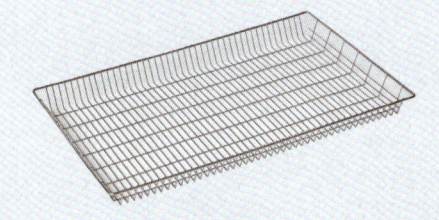

放置網 　　　隔熱手套

06 裝飾工具

擠花袋 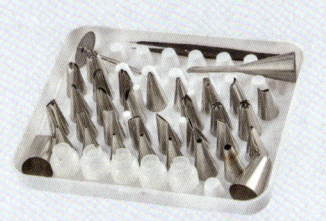　　　花嘴 　　　叉子

Chapter 1

台灣風味甜麵包

甜麵包麵糰配方

作法 METHOD

1. 乾性材料加濕性材料攪拌至麵筋擴展。【圖1】
2. 加入油質慢速攪拌均勻後再攪拌至完成階段,麵皮延展薄膜反應狀態。【圖2】
   TIPS 麵糰最佳起缸溫度為 26~28°C,可視氣溫狀態調整。
3. 基本發酵 90 分鐘,完成如圖。【圖3】
   TIPS 60 分鐘需翻麵一次。
4. 進行分割,中間發酵 20 分鐘。包餡整形完最後發酵 60 分。【圖4】
5. 滾圓完成如圖。【圖5】

份量 38 顆

Baking memo

第一次發酵時間 90 分鐘
第二次發酵時間 20 分鐘
最後發酵時間　 60 分鐘

使用器具　Appliance

攪拌機組　　磅秤
烤盤　　　　噴水壺

使用材料　Materal /(g)

高筋麵粉	1000
砂糖	240
新鮮酵母	46
(即發乾酵母粉 15g)	
鹽	12
奶粉	40
雞蛋	250
鮮奶	110
水	250
甜麵包老麵糰	150
無鹽奶油	185

CHAPTER · 1

宜蘭三星蔥花麵包
Spring Onion Bread

三星蔥最早從日本傳過來，也稱作日本大蔥。三星蔥之所以為人所熟知，是因為三星鄉雨量豐沛，當地也汲取了蘭陽溪無污染的水質，所以能種出品質相當精良的青蔥，與麵包揉合後更是美味喔！

使用器具　Appliance

烤盤	毛刷
橡皮刮刀	小刀

Baking memo

發酵時間 50 分鐘
烘烤時間 18 分鐘
烤焙溫度　上火 200℃ / 下火 160℃

使用材料　Materal /(g)

宜蘭三星蔥末 (切細丁或細絲)	250	蛋液	2 個
奶油	95	蛋黃	1 個
鹽巴	5	低筋麵粉 (需過篩)	25
砂糖	3	烤過白芝麻或松子	12
白胡椒粉	2	沙茶醬 (製作原味時不需加)	40

作法　METHOD

1. 將奶油進行軟化，並依序加入芝麻、糖、過篩麵粉、白胡椒與沙茶拌勻。【圖1～圖3】
2. 加入蔥段持續攪拌至完成。【圖4～圖6】
3. 將麵糰滾圓後底部收緊，依序用同樣手法做出四顆。【圖7～圖9】
4. 將四顆靠攏集中。【圖10～圖11】
5. 取小刀往正中間片開，進入發酵箱發酵。【圖12】
6. 發酵完成後取出整形，擦蛋液。【圖13～圖14】
7. 將內餡放入擠花袋後擠上麵糰，內餡均勻抹開並撒上芝麻後即可進爐烤製。【圖15～圖18】

1. 內餡製作

裝盤重量 120g

份量 6 個

2. 麵包本體整形

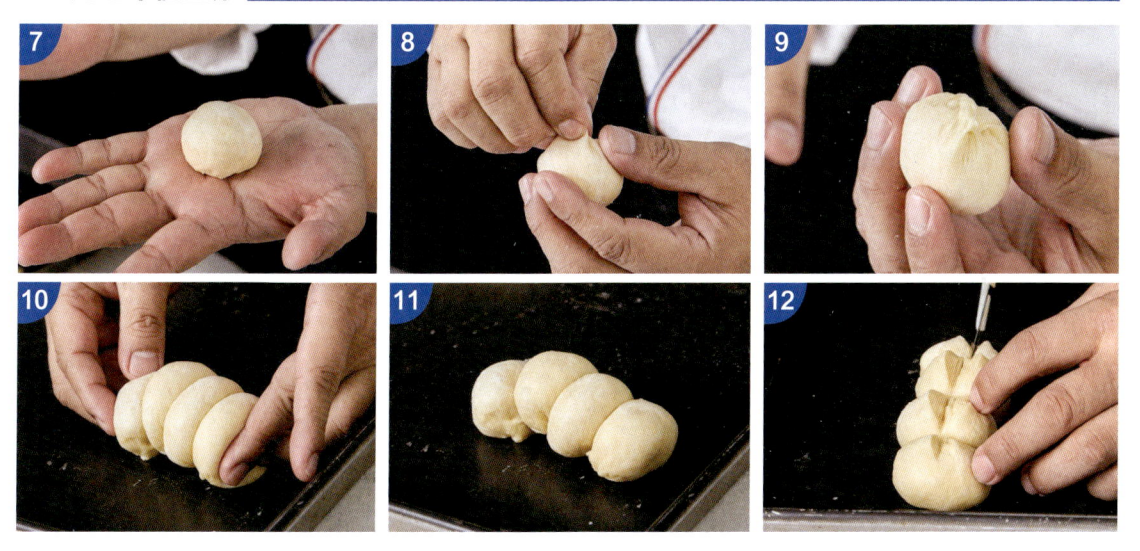

3. 裝飾

CHAPTER・1

015

肉鬆海苔芝麻麵包
Seaweed Pork Floss Bun

肉鬆是許多臺灣人記憶中的美好。肉鬆在早年被視為相當昂貴的食材，也時常是探訪尋親中伴手禮的首選。肉鬆不管是作為內餡，或在麵包表層進行裝飾，其鹹香配上鬆軟的麵包口感，總是令人沒齒難忘。

使用材料 Materal /(g)

肉鬆海苔	400
烤過白芝麻	55
市售沙拉醬	150

起酥皮材料

高筋麵粉	280	白油	34
低筋麵粉	60	冰水	200
砂糖	8	裹入油	300
鹽	1		

使用器具 Appliance

攪拌機組　烤盤
擀麵棍　　毛刷
包餡匙

Baking memo

發酵時間 45 分鐘
烘烤時間 28 分鐘
烤焙溫度 上火 200 ℃ / 下火 150℃

作法 METHOD

1. 全部材料攪拌成糰，接近擴展階段(兩分慢速兩分鐘中速)。【圖1】
2. 麵糰完成後靜置20分，展延開。【圖2】
3. 以英式包法將麵糰四周稍微拉開裹入油質。【圖3】
4. 取擀麵棍進行展延三折；展延三折兩次冰存25分再展延三折第三次。【圖4~圖5】
5. 鬆弛20分後，展延開所需的長、寬尺寸，厚度約2.75~3mm。【圖6】
6. 蓋上塑膠袋靜置鬆弛30分。完成後再切割所要的長12公分寬12公分。【圖7】
7. 肉鬆與芝麻混合備用。
   取麵糰，將麵糰拍扁後取包餡尺挖肉鬆，包入並收口。【圖8~圖9】
8. 將麵糰與起酥片依序抹上蛋液。【圖10~圖11】
9. 起酥片蓋上麵糰，撒上芝麻後放入烤箱。【圖12~圖13】

裝盤重量 45g

份量 15個

1. 起酥片製作

2. 麵包組合

古坑咖啡墨西哥麵包
Mexican Coffee Buns

墨西哥麵包據傳是在 20 世紀中期一對曾於墨西哥居住的中國夫婦，遷到香港定居。為了感念在墨西哥居住時的艱困，便以當地一種名叫 Concha 的麵包為概念，創作出我們所熟悉的墨西哥麵包。表面搭配古坑咖啡奶酥，更具風味喔！

使用材料 Materal /(g)

咖啡液

| 古坑咖啡粉 | 45 | 熱水 | 20 |

葡萄乾內餡

葡萄乾	300	雞蛋	2 個
蘭姆酒	250	咖啡液	適量
奶油	100	低筋麵粉	110
糖粉	100		

使用器具 Appliance

橡皮刮刀　烤盤
篩網　　　擠花袋
包餡匙

Baking memo

發酵時間 45 分鐘
烘烤時間 20 分鐘
烤焙溫度 上火 200 ℃ / 下火 150 ℃

作法　METHOD

內餡
1. 奶油與糖粉攪拌均勻後加入雞蛋拌勻。【圖1～圖2】
2. 熱水沖咖啡粉，攪拌融化後與麵糊一同拌勻。【圖3】
3. 將低筋麵粉過篩後加入麵糊，拌勻後備用。【圖4～圖5】

麵包組合
4. 將麵糰壓平後放入葡萄乾。沿著邊緣進行收口，包入內餡收口。【圖6～圖9】
5. 放上烤盤後稍微整形。【圖10】
6. 取適當距離。【圖11】
7. 將內餡放入擠花袋後擠上麵糰。完成後即可進爐烘烤【圖12～圖14】

裝盤重量 30g

份量 10個

1. 內餡

2. 麵包組合

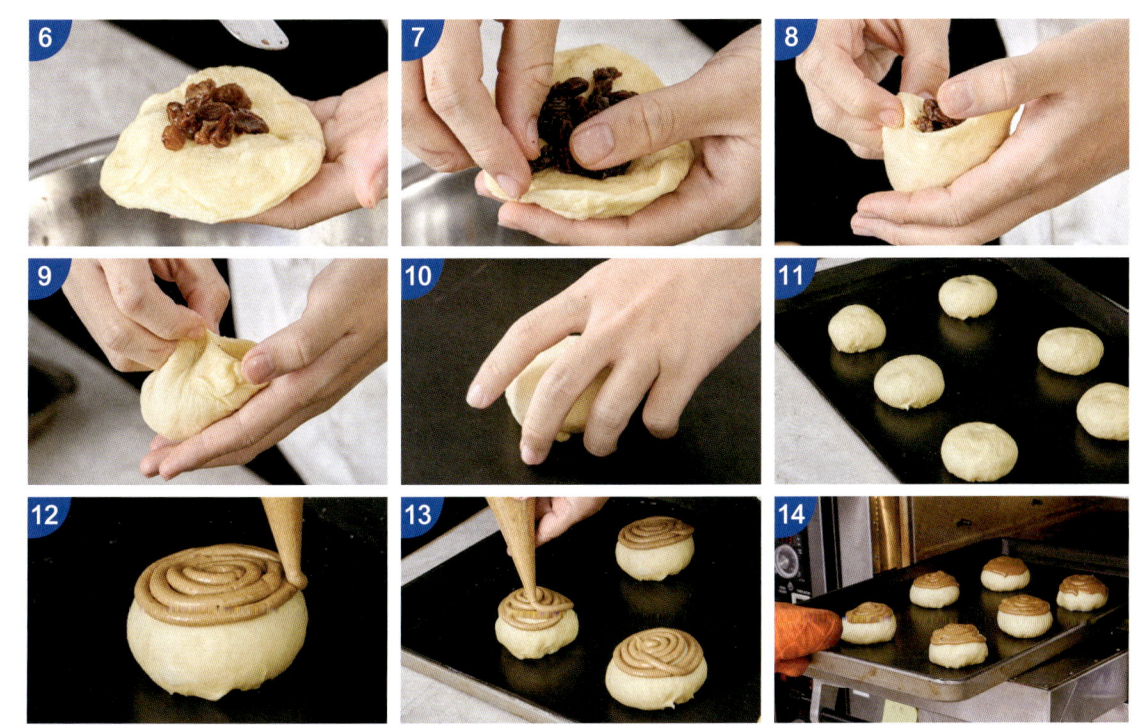

CHAPTER · 1

019

屏東紅豆麵包
Red Bean Bun

紅豆雖然是冬末盛產的作物，但其生長環境又特別需要日照。於是四季如春、水源充沛的萬丹就成了紅豆最盛產的地區。萬丹紅豆產量多產值高，且顆顆飽滿。

使用器具　Appliance

包餡匙　　烤盤
擀麵棍　　毛刷
切麵刀

使用材料　Materal /(g)

萬丹紅豆餡	450
麻糬	適量
烤過白芝麻	300

Baking memo

發酵時間 45 分鐘
烘烤時間 10 分鐘
烤焙溫度　上火 190 ℃ / 下火 190 ℃

圓麵包作法　METHOD

1. 麻糬與萬丹紅豆內餡預備。【圖1~圖2】
2. 取麵糰，稍微壓扁後包入內餡。【圖3】
3. 放入麻糬。【圖4】
4. 收口，包覆完成。【圖5~圖6】
5. 放上烤盤擦蛋液。【圖7】
6. 用擀麵棍側邊沾芝麻，壓上表面。【圖8】
7. 完成後即可進爐烤製。【圖9】

裝盤重量 35g

份量 6 個

CHAPTER · 1

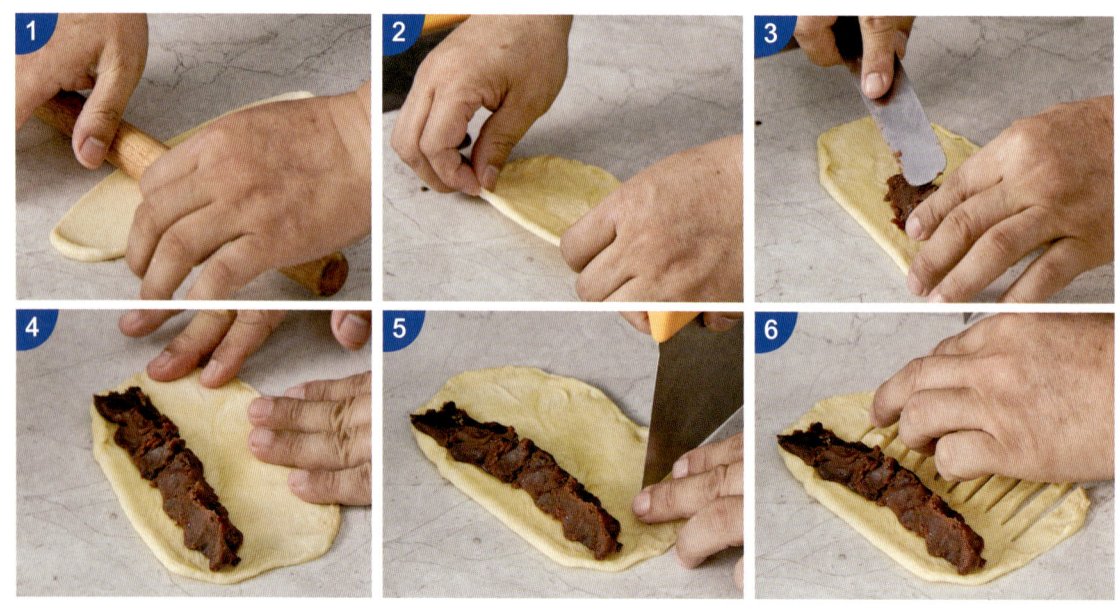

馬蹄形紅豆麵包
Horseshoe Type Red Bean Bun

1
2
3
4
5
6

使用器具 Appliance

包餡匙　　烤盤
擀麵棍　　毛刷
切麵刀

使用材料 Materal /(g)

萬丹紅豆餡　　450
烤過白芝麻　　300

Baking memo

發酵時間 45 分鐘
烘烤時間 10 分鐘
烤焙溫度 上火 190 ℃ / 下火 190 ℃

裝盤重量 35g

份量 15 個

圓麵包作法 METHOD

1. 取麵糰，進行壓延。【圖 1】
2. 可撒上些微手粉，將麵糰轉成橫的，將邊緣壓薄。【圖 2】
3. 放上紅豆餡並稍微整形。【圖 3】
4. 將麵糰下半部稍微拉開，取切麵刀開始進行切割。【圖 4~圖 6】
5. 取適當距離依序往下切條狀。【圖 7】
6. 將上半部麵糰稍微拉開，往下包覆完成第一層。【圖 8】
7. 繼續往下捲。【圖 9~圖 10】
8. 抹蛋液，並均勻裹上白芝麻。【圖 11~圖 12】
9. 彎折成 U 字形馬蹄狀。放上烤盤做完最後修整即可進爐烘烤。【圖 13~圖 15】

CHAPTER · 1

屏東椰子愛心甜麵包
Coconut Bread

屏東縣堪稱台灣的椰子王國。因終年高溫，一年四季都有椰子盛產。時至今日大家到屏東，可以見到沿路的美麗椰林，給人一種清新而突出的風貌呢。

使用器具　Appliance

- 橡皮刮刀
- 切麵刀
- 篩網
- 烤盤
- 包餡匙
- 毛刷
- 擀麵棍

使用材料　Materal /(g)

材料	份量	材料	份量
無鹽奶油	135	椰子香甜酒	20
糖粉	115	椰子粉	200
鹽	2	全脂奶粉	50
全蛋液	1 個		

Baking memo

發酵時間 45 分鐘
烘烤時間 10 分鐘
烤焙溫度　上火 190℃ / 下火 190℃

作法　METHOD

內餡製作
1. 奶油軟化後加入過篩糖粉、鹽，一同拌勻。【圖 1】
2. 加入酒與蛋一同拌勻。【圖 2】
3. 最後加入奶粉、椰子粉，拌勻後 餡即完成。【圖 3】

塑型
4. 甜麵糰鬆弛靜置 30 分後稍微壓平。包入內餡後收口。【圖 4~ 圖 6】
5. 取擀麵棍壓延麵糰。【圖 7~ 圖 8】
6. 對折兩次【圖 9~ 圖 11】

楓葉作法
7. 取切麵刀由短邊直刀對切攤開如圖狀。【圖 12~ 圖 14】

愛心作法
8. 長邊斜刀對切，攤開成愛心狀。【圖 15~ 圖 17】
9. 完成後依序擦上蛋液，撒上芝麻和杏仁片後即可進爐烘烤。【圖 18~ 圖 20】

1. 內餡製作

2. 塑型

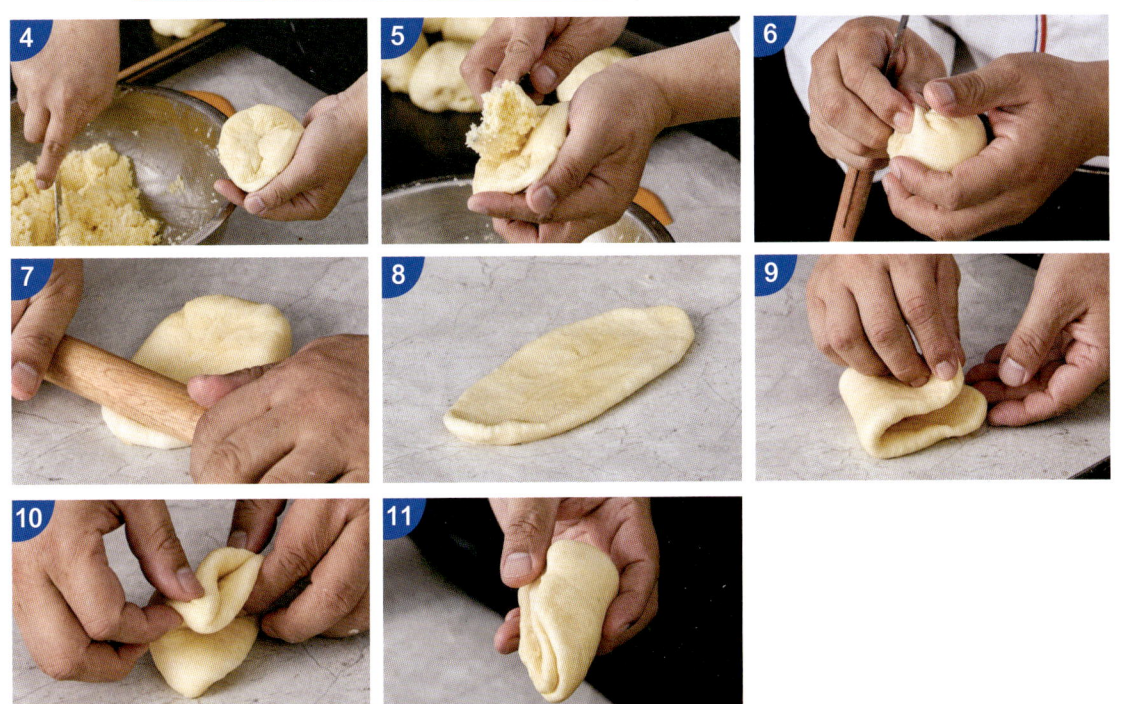

裝盤重量 35g

份量 16 個

3. 楓葉做法

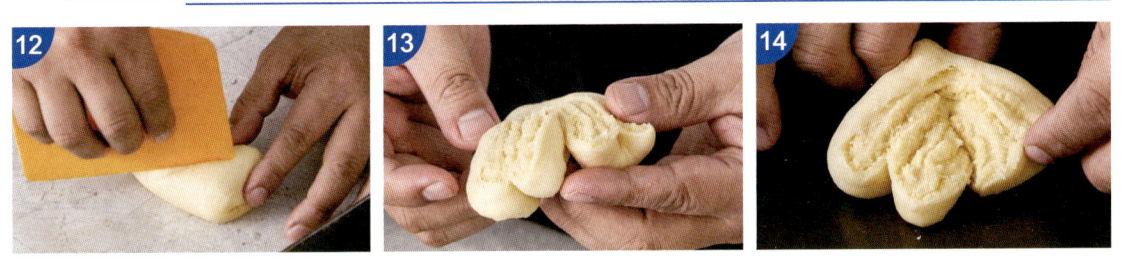

4. 愛心做法

CHAPTER · 1

大甲芋頭長四方沙菠蘿
Taro Bread With Crumble

來到大甲探尋當地芋頭好吃的祕密，才知道原來是因為每年固定報到的九降風，使靠海的大甲因著冷房效應，令當地芋頭產期比其他地方更長。大甲自然而然就成了臺島居民們想起芋頭時的第一故鄉。

使用器具 Appliance

- 打蛋器
- 篩網
- 包餡匙
- 擀麵棍
- 毛刷
- 小刀

使用材料 Materal /(g)

內餡

蒸大甲芋頭	450
砂糖	95
鹽	2

沙菠蘿

白油	58
酥油	58
糖粉	116
低筋麵粉	211

Baking memo

發酵時間 45 分鐘
烘烤時間 10 分鐘
烤焙溫度 上火 190℃ / 下火 190℃

作法 METHOD

沙波蘿製作

1. 酥油與白油攪拌均勻。【圖1】
2. 加入過篩糖粉及奶粉打發。完成後放入冰箱冷凍15分。【圖2】
3. 雞蛋分次加入混勻打發，奶粉與低筋麵粉用粗篩網過篩拌勻。【圖3】

麵包組合

4. 芋頭餡蒸熟，筷子能插入為止。趁熱加入砂糖與鹽攪拌均勻。【圖4~圖5】
5. 取麵糰，用包餡尺將芋頭餡裹入，完成後進行收口。【圖6~圖7】
6. 反過來壓平，擀長，取三分之一處反摺兩次。【圖8~圖10】
7. 將摺口朝下，表面擦蛋液，均勻沾上沙菠蘿。【圖11~圖13】
8. 用小刀取適當距離3刀劃開，進發酵箱發酵50分鐘即可烤焙。【圖14】

裝盤重量 35g

份量 20個

1. 沙菠蘿製作

2. 麵包組合

澎湖黑糖地瓜沙菠蘿
Sweet Potato With Crumble

澎湖本身並沒有產黑糖,澎湖之所以與黑糖有所連結,最早得追溯到日治時期。當時有一班沖繩人,帶著本家的黑糖到澎湖。和當地糕餅技術結合,延伸出相當多的甜點,值得我們去品嘗喔!

使用器具 Appliance

攪拌機組	擀麵棍
篩網	毛刷
橡皮刮刀	切麵刀
包餡匙	烤盤

使用材料 Materal /(g)

澎湖黑糖地瓜餡

地瓜(蒸烤35分)	650
澎湖黑糖	80

Baking memo

發酵時間 45 分鐘
烘烤時間 10 分鐘
烤焙溫度 上火 190℃ / 下火 190℃

作法 METHOD

澎湖黑糖地瓜餡製作
1. 將黑糖和地瓜餡一起打成泥，打成泥後取出進行過篩。【圖1～圖2】

麵包組合
2. 取甜麵包麵糰，包入地瓜餡。收口。【圖3～圖4】
3. 取擀麵棍進行壓延成長型。【圖5～圖6】
4. 對摺。【圖7】
5. 刷上蛋液並均勻沾上沙菠蘿。【圖8～圖9】
6. 用切麵刀，取適當距離切三刀。【圖10】
7. 發酵箱發酵45分鐘後，進爐烤製。【圖11】

裝盤重量 35g

份量 20個

1. 澎湖黑糖地瓜餡製作

2. 麵包組合

白糖菠蘿
Pineapple Bread

臺灣氣候溫暖潮濕，相較於更赤道地區或更北方的日本，特別適合甘蔗生長。在17世紀，荷蘭人佔領臺灣後引進技術、並將蔗糖銷往世界各地，成為臺灣糖業的濫觴。在波蘿表皮一顆顆不起眼的白糖，都是一次次波瀾壯闊的歷史場景喔！

使用器具 Appliance
打蛋器　切麵刀
篩網　　烤盤

使用材料 Materal /(g)
菠蘿皮

酥油	75	糖粉	150
白油	75	蛋	100

Baking memo
濕式發酵 90 分鐘
濕度 45
溫度 28
烘烤時間 16 分鐘
烤焙溫度　上火 190℃ / 下火 190℃

作法 METHOD

菠蘿皮打法
1. 酥油與白油攪拌均勻後，加入過篩糖粉及奶粉打發。【圖1~圖2】
2. 雞蛋分次加入打發；奶粉與低筋麵粉過篩加入後拌勻。【圖3~圖4】
3. 若硬度不夠可加入低筋麵粉，取出滾長後進行分割，一顆約35公克。【圖5~圖7】

組合
4. 取一甜麵糰，放入菠蘿皮。【圖8】
5. 將麵糰逐漸內縮，使菠蘿皮完全包過麵糰。【圖9~圖10】
6. 最後在菠蘿皮表面均勻沾糖，放上烤盤。【圖11~圖12】
7. 取切麵刀在表面交叉切出紋路，放在爐上進行自然龜裂，完成後進烤箱。【圖13~圖14】

裝盤重量 35g

份量 12個

1. 菠蘿皮打法

2. 麵包組合

巧克力可可菠蘿
Coconut Pineapple Bread

使用器具 Appliance
打蛋器
篩網
切麵刀
烤盤

使用材料 Materal /(g)

菠蘿皮

酥油	75	奶粉	18
白油	75	低筋麵粉	195
糖粉	150	鹽	1
蛋	100	可可粉	18
巧克力豆	18	細砂糖	300

Baking memo
濕式發酵 90 分鐘
濕度 45
溫度 28
烘烤時間 16 分鐘
烤焙溫度 上火 190℃ / 下火 190℃

作法 METHOD

波蘿皮打法
1. 酥油與白油攪拌均勻後,加入過篩糖粉及奶粉打發。【圖1~圖2】
2. 雞蛋分次加入打發;水滴巧克力、可可粉、奶粉、麵粉過篩加入。【圖3~圖5】
3. 將拌勻後的麵糰放上低筋麵粉滾勻。可再加入適量水滴巧克力拌勻,滾長後分割成一顆約35公克。【圖6~圖8】

組合
4. 取一甜麵糰,放入菠蘿皮。【圖9】
5. 將麵糰逐漸內縮,使菠蘿皮完全包過麵糰。【圖10】
6. 最後在菠蘿皮表面均勻沾糖,放上烤盤。【圖11~圖12】
7. 取切麵刀在表面交叉切出紋路,放在爐上進行自然龜裂,完成後進烤箱。【圖13~圖14】

裝盤重量 35g

份量 12個

1. 菠蘿皮打法

2. 麵包組合

CHAPTER · 1

035

鹹味蔬菜菠蘿
Veget Pineapple Bread

使用器具 Appliance
- 打蛋器
- 篩網
- 切麵刀
- 毛刷
- 烤盤

使用材料 Materal /(g)

菠蘿皮

材料	份量	材料	份量
酥油	75	低筋麵粉	195
白油	75	鹽	2
糖粉	150	紅蘿蔔拋絲	40
蛋	100	切細青蔥丁	35
奶粉	18	火腿片切絲條	2 片
肉圍	200	蛋黃擦拭（表皮用）	2 顆

Baking memo
- 濕式發酵 90 分鐘
- 濕度 45
- 溫度 28
- 烘烤時間 16 分鐘
- 烤焙溫度 上火 190℃ / 下火 190℃

作法 METHOD

菠蘿皮打法

1. 酥油與白油攪拌均勻後,加入過篩糖粉及奶粉打發。【圖1~圖2】
2. 雞蛋分次加入打發;火腿、青蔥、紅蘿蔔一同加入混勻。奶粉和麵粉一同過篩並加入,滾長後分割約35公克。【圖3~圖6】

組合

3. 取一甜麵糰放入菠蘿皮。將麵糰內縮,使菠蘿皮完全包過麵糰。【圖7】
4. 完成後放上烤盤刷蛋液。【圖8】
5. 放在爐上進行自然龜裂。【圖9】
6. 龜裂完成後進爐烘烤。【圖10】

裝盤重量 40g

份量 12個

1. 菠蘿皮打法

2. 麵包組合

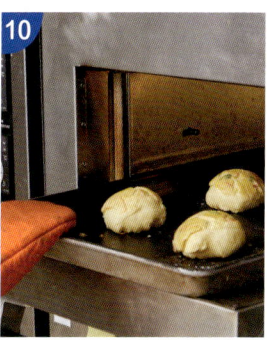

Chapter 2 裹油類麵包

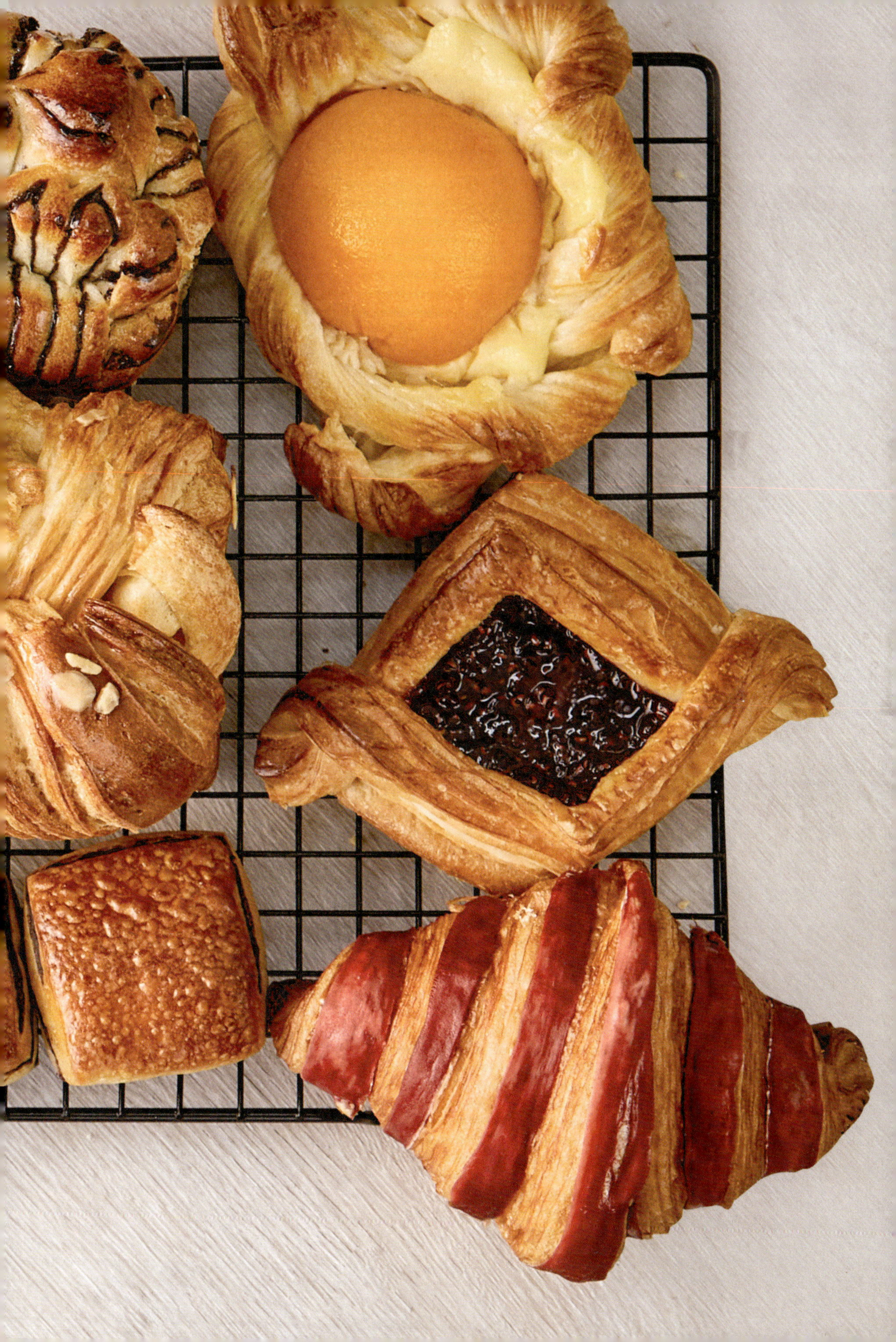

裹油類麵糰配方

使用器具　Appliance

烤盤　　噴水壺
磅秤　　切麵刀
攪拌機組

使用材料　Materal /(g)

高筋麵粉	400	奶粉	20
低筋麵粉	100	奶油	40
糖	90	冷凍益麵劑	5
鹽	6	水	200
新鮮酵母	26	裹入油質	240
雞蛋	100		

Baking memo

發酵時間 30 分鐘
冷凍 35 分鐘

作法　METHOD

麵糰壓延

1. 全部材料攪拌至接近擴展階段，兩分慢速三分鐘中速。完成後基本發酵30分。【圖1】
2. 麵糰放入塑膠袋，手工壓平。進入冷凍庫冷凍 35 分。【圖2】
3. 麵糰取出冷凍後進行展延成方形備用。【圖3】

四折二

4. 取製備好的麵糰，以壓麵機進行壓延。【圖4】
5. 可先量適當的大小，入壓麵機進行壓延。【圖5～圖6】
6. 左右往內折。完成後翻入壓麵機壓延。【圖7～圖8】
7. 左右往內再折一次，再壓一次，完成如圖。【圖9～圖10】
   TIPS 展延四折二次後冰存 25 分再展延三折第三次。

三折三

8. 取製備好的麵糰，以壓麵機進行壓延。先量適當的大小入壓麵機進行壓延。【圖11～圖13】
9. 左右往內折。完成後翻面。入壓麵機壓延後再進行兩次相同動作。完成。【圖14～圖16】

1. 麵糰壓延

2. 四折二

3. 三折三

大理石麵包
Marble Chocolate Bread

★八結作法

★方塊作法

每一顆大理石麵包都有屬於自己的美麗花紋。大理石麵包起源於二戰後的日本，當時日本正逢百廢待興的時期，有烘焙師傅想為艱困的人們帶來一點安慰，經過無數次嘗試才研發出大理石麵包。

Baking memo

發酵時間 60 分鐘
烘烤時間 18~20 分鐘　　烤焙溫度 上火 190℃ / 下火 170℃

八結作法 METHOD

麵糰壓延

1. 取四折二，裹入巧克力內餡的麵糰。【圖 1】
2. 放上砧板，取適當距離進行切割，並展延成長條狀。【圖 2~ 圖 5】

編織

3. 將麵糰兩端以一前一後的方式搓成麻繩狀。【圖 6】
4. 編織手法為先做一個 9 字型。將尾部往前穿過圓圈處。【圖 7~ 圖 8】
5. 將圓圈處再反轉一圈。【圖 9】
6. 稍微整理形狀。依序完成後進行發酵，完成後進爐烘烤。【圖 10~ 圖 11】

1. 麵糰壓延

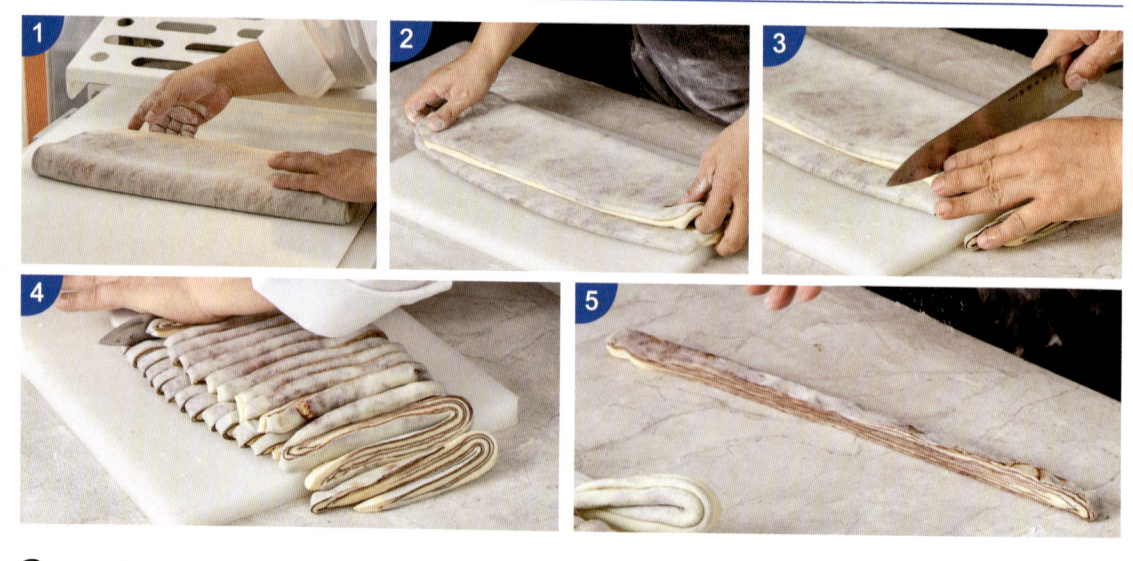

2. 編織

Baking memo

發酵時間 60 分鐘
烘烤時間 18~20 分鐘　　烤焙溫度 上火 190℃ / 下火 170℃

方塊作法　METHOD

1. 取四折二，裹入巧克力內餡的麵糰。【圖 1】
2. 放上砧板，展延成長條狀後分割成兩份。【圖 2】
3. 將兩份麵糰疊合。【圖 3】
4. 取 3.5 公分 X3.5 公分進行切割。【圖 4~ 圖 8】
5. 完成如圖，進發酵箱發酵 60 分鐘。【圖 9】
6. 塗上蛋液，進爐烘烤。【圖 10~ 圖 11】

裝盤重量
100g

份量
25 個

CHAPTER · 2

丹麥吐司
Danish Toast

丹麥吐司雖然有丹麥二字為名,事實上卻是從維也納傳來的。遠在19世紀中,丹麥的麵包師傅因集體罷工,得從維也納請麵包師來救急。雖然他們做出的麵包跟當地的不同,但當罷工結束後,當地人也愛上這種麵包,且融合在地文化,丹麥吐司的名聲開始廣傳。

使用器具　Appliance
刀&尺　吐司模具

Baking memo
發酵時間 50 分鐘
烘烤時間 40 分鐘
烤焙溫度 上火 150℃ / 下火 120℃

作法 METHOD

麵糰切割

1. 取三折三裹油麵糰,進行切割;厚 8 公分,寬 1.5 公分,邊緣可再進行修整。【圖 1】
2. 取適當的三等份距離。切割成爪字型,頂端固定勿切斷,並將面轉上。【圖 2~圖 3】

編織

3. 開始進行編織,左右依序進行交叉,交疊編織。依序編織到最末端進行黏合。【圖 4~圖 7】
4. 編織完成後將前後兩端向後翻折,黏合。【圖 8】
5. 取吐司模型,抹蛋液;將麵糰放入模具中壓實。【圖 9~圖 10】
6. 入發酵箱發酵 50 分鐘,至麵糰膨脹至模具水平高,撒上杏仁片進爐烘烤。【圖 11~圖 12】

裝盤重量 160g

份量 1 條

1. 麵糰壓延

2. 編織

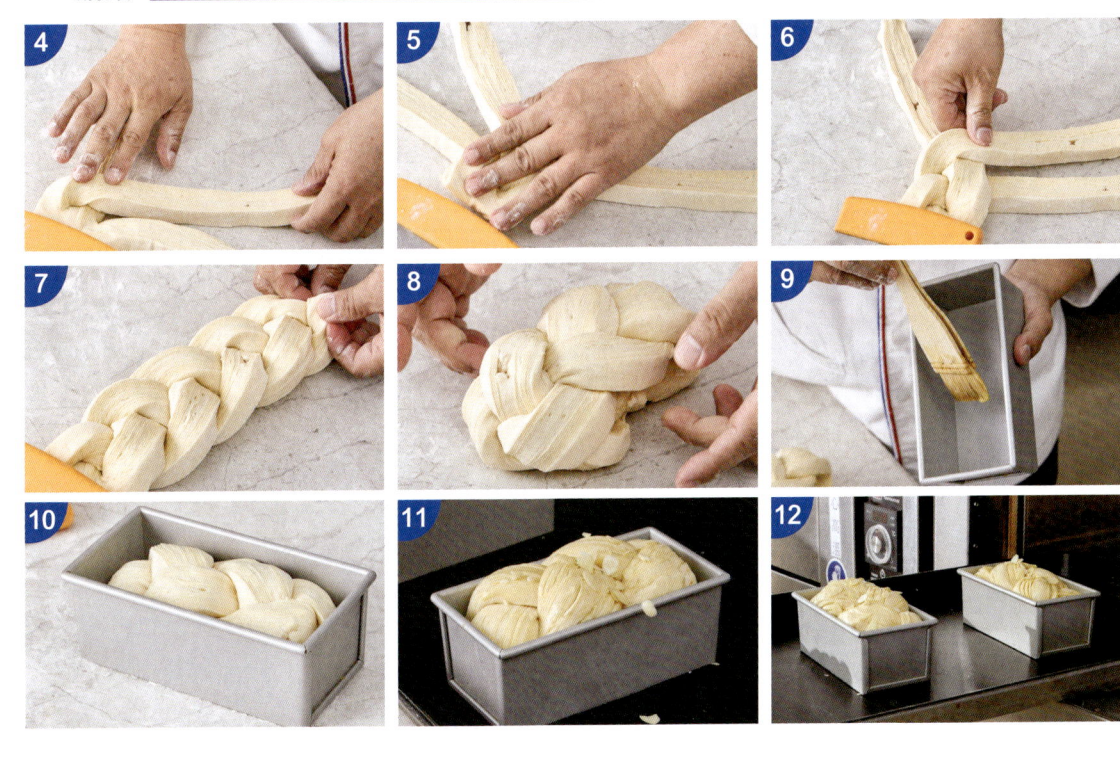

雙色牛角可頌
Croissant Bicolores

可頌原文意指新月，所以又叫做新月麵包。起源自奧地利，由奧地利移居法國的麵包師帶入並在法國廣傳。可頌可直接食用，也可加入各樣內餡，在法國可頌也很常搭配早餐飲品一同食用喔！

Baking memo

發酵時間 60 分鐘

烘烤時間 18~20 分鐘　　　烤焙溫度 上火 190℃ / 下火 170℃

作法 METHOD

麵糰壓延

1. 取麵糰裹油後進行四折二壓延。【圖 1~ 圖 3】
2. 油質的溫度要控制好，若溫度太低會造成油裂。【圖 4】
3. 麵糰轉向，入壓麵機進行壓延。【圖 5】
4. 壓延至適當寬度。【圖 6】
5. 取紅麴口味麵糰進行壓延，壓延至適當大小。【圖 7~ 圖 9】
6. 鋪上壓延好的麵糰。【圖 10】
7. 入壓麵機壓延。【圖 11】
8. 完成備用。【圖 12】

切割與整形

9. 取壓延好的雙色麵糰，將邊緣切割整齊。【圖 13】
10. 量適當距離切割，寬 30 公分。【圖 14】
11. 切成等腰三角形。【圖 15】
12. 完成後將紅色面朝下。【圖 16】
13. 稍微拉長。【圖 17】
14. 往下捲。【圖 18】
15. 發酵完成後即可進爐烘烤。【圖 19】

1. 麵糰壓延

装盤重量
50g

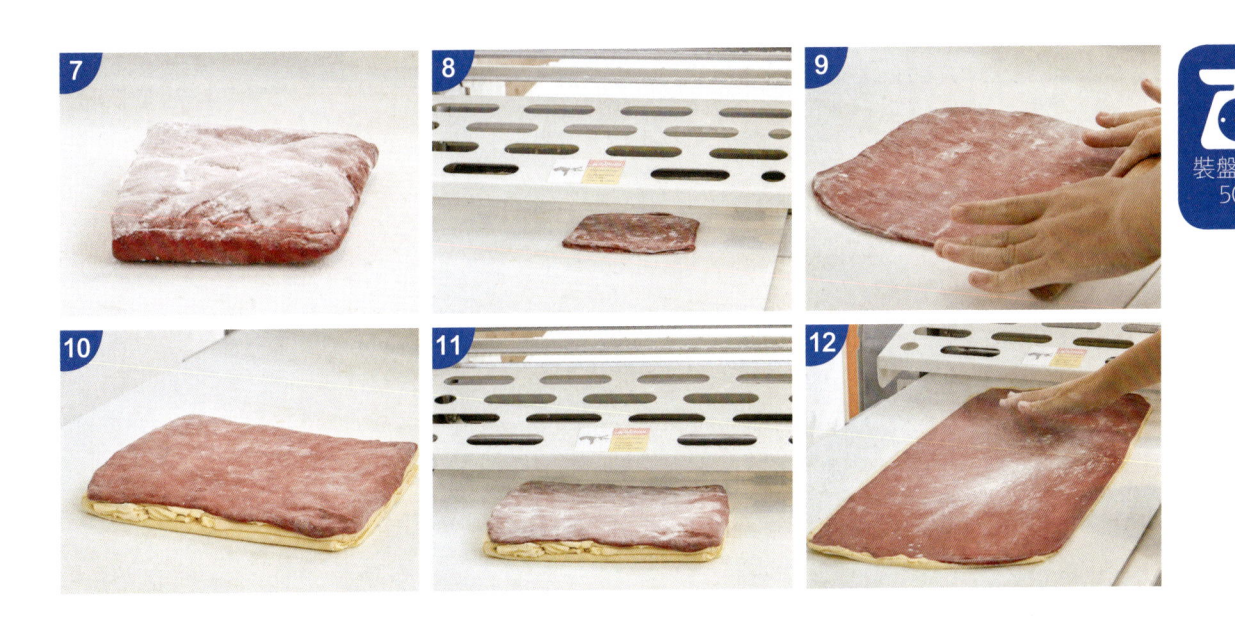

2. 切割與整形

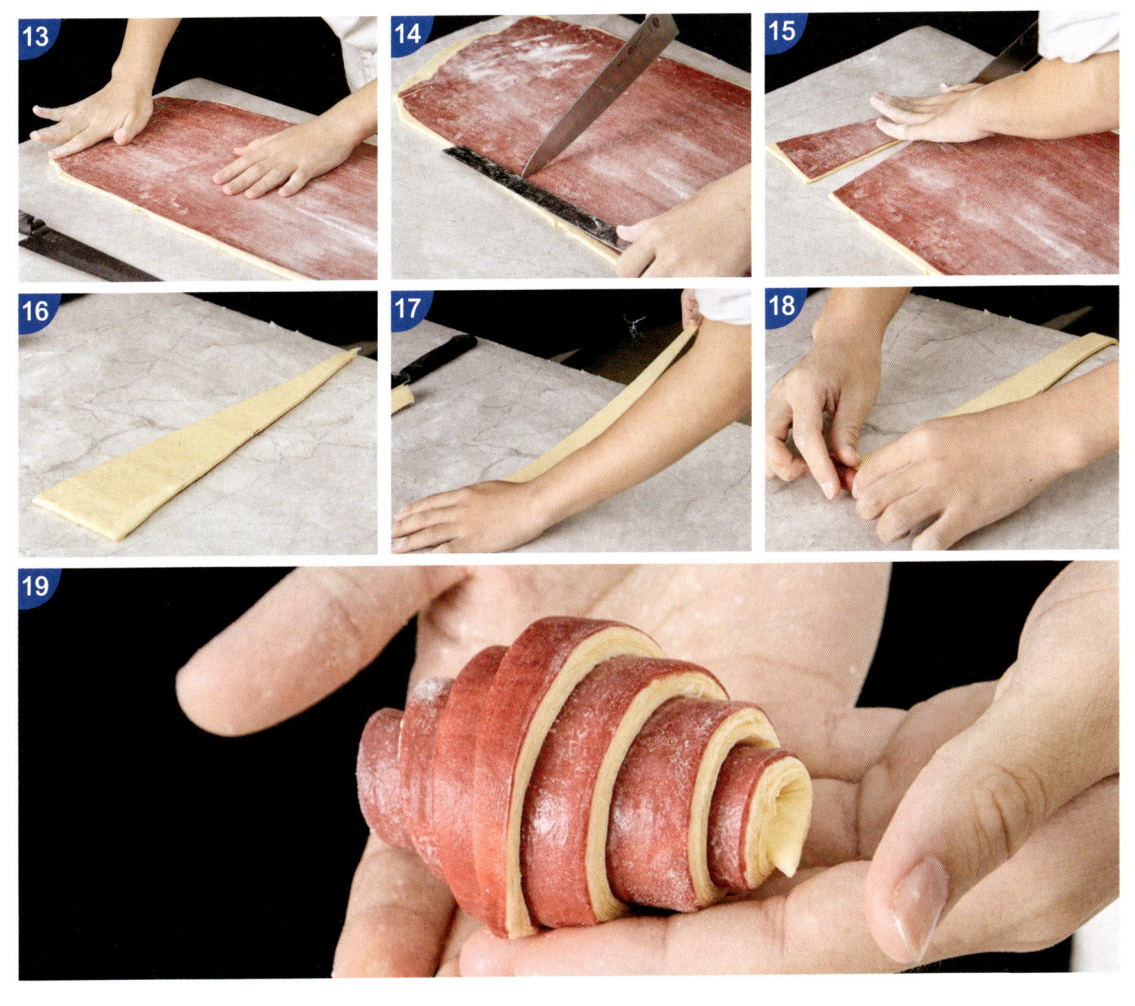

CHAPTER · 2

051

丹麥麵包
Danish Bread

為何丹麥麵包上的酥皮會有如此多的層次？因為在揉製麵糰時會運用各式各樣的折疊手法，做出多層次，外皮也會抹上奶油，經烘烤後完成就形成酥皮。四折二的摺疊與壓延手法，更能呈現出密實且爽脆的口感喔！

Baking memo

發酵時間 50 分鐘
烘烤時間 18~20 分鐘
烤焙溫度 上火 190℃ / 下火 170℃

裝盤重量 45g

作法 METHOD

各類丹麥造型，麵糰前置切割

1. 取三折三裹油麵糰進行切割，邊緣可先進行修整。【圖 1】
2. 量邊緣長 10 公分、寬 10 公分。【圖 2~圖 3】
3. 依序進行切割完成。【圖 4~圖 5】

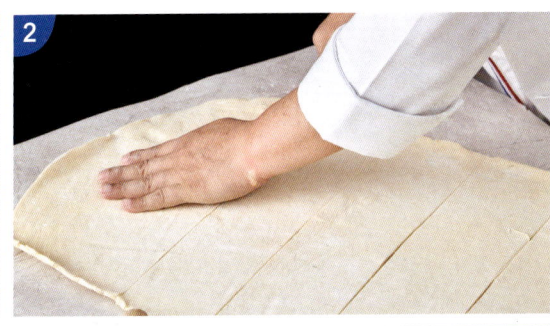

使用材料 Materal /(g)

卡士達餡料

卡士達粉　200　　鮮奶　600

卡士達餡料作法 METHOD

1. 卡士達粉和鮮奶混和均勻。【圖 1~圖 2】
2. 拌勻備用。【圖 3】

CHAPTER 2

053

丹麥麵包 - 四角花瓣

作法 METHOD

1. 將方形麵糰對折。【圖1】
2. 取切麵刀左右各切一刀平行線,長度需小於中間。【圖2】
3. 打開對折另一邊。【圖3】
4. 同樣取切麵刀左右各切一刀平行線後攤開如圖狀。【圖4】
5. 上下往內翻摺,左右往內翻摺,壓實。【圖5】
6. 完成如圖,進發酵箱乾式發酵50分鐘。【圖6】

丹麥麵包 - 船型領結

作法　METHOD

1. 將方形麵糰對折。【圖1】
2. 取切麵刀左右各切一刀平行線，長度須超過中間。【圖2】
3. 攤開如圖狀。【圖3】
4. 將兩邊對角往對向折。【圖4】
5. 完成如圖。【圖5】
6. 置於烤盤上再整理形狀，進發酵箱乾式發酵50分鐘。【圖6】

丹麥麵包 - 紅色風車

作法 METHOD

1. 取壓延好的雙色麵糰,切成 9x9。【圖1】
2. 取毛刷,將熟粉刷開。【圖2】
3. 四個角落分別往內切。【圖3】
4. 四個角落分別往內折。【圖4～圖5】
5. 完成如圖,進發酵箱發酵 50 分鐘。【圖6】

丹麥麵包 - 三角肉鬆

作法　METHOD

1. 先在麵糰上抹蛋液。【圖1】
2. 放入適量肉鬆。【圖2】
3. 對折並將邊緣壓實。【圖3~圖4】
4. 取切麵刀切兩直角。【圖5】
5. 完成如圖，進發酵箱乾式發酵50分鐘。【圖6】

丹麥麵包 - 四角對折包覆

作法　METHOD

1. 取方形麵糰，左右對折。【圖1】
2. 上下對折。【圖2】
3. 中間壓實完成，進發酵箱乾式發酵50分鐘。【圖3】

丹麥麵包 - 紅豆領結

作法 METHOD

1. 取方形麵糰，放入紅豆後左右對折。【圖1～圖2】
2. 取一長型麵糰將麵糰兩端以一前一後的方式搓成麻繩狀。【圖3】
3. 將麻繩麵糰捲上對折好的方型麵糰。【圖4～圖5】
4. 進發酵箱乾式發酵50分鐘即可進行烘烤。【圖6】

丹麥麵包 - 麻花圈捲

作法 METHOD

1. 取壓延完成的麵糰，切適當長度。【圖1】
2. 將麵糰兩端以一前一後的方式搓成麻繩狀。【圖2】
3. 捲成圓圈後，放上烤盤即可預備烘烤。【圖3】

丹麥麵包 - 裝飾與烘烤

作法 METHOD

1. 麵糰發酵完後取毛刷,依序抹上蛋液。【圖1~圖7】
2. 將製作好的卡士達醬,放入擠花袋,擠上麵糰。【圖8~圖11】
3. 放上水果,進行適度裝飾即可。【圖12~圖14】
4. 進爐烘烤。【圖15】

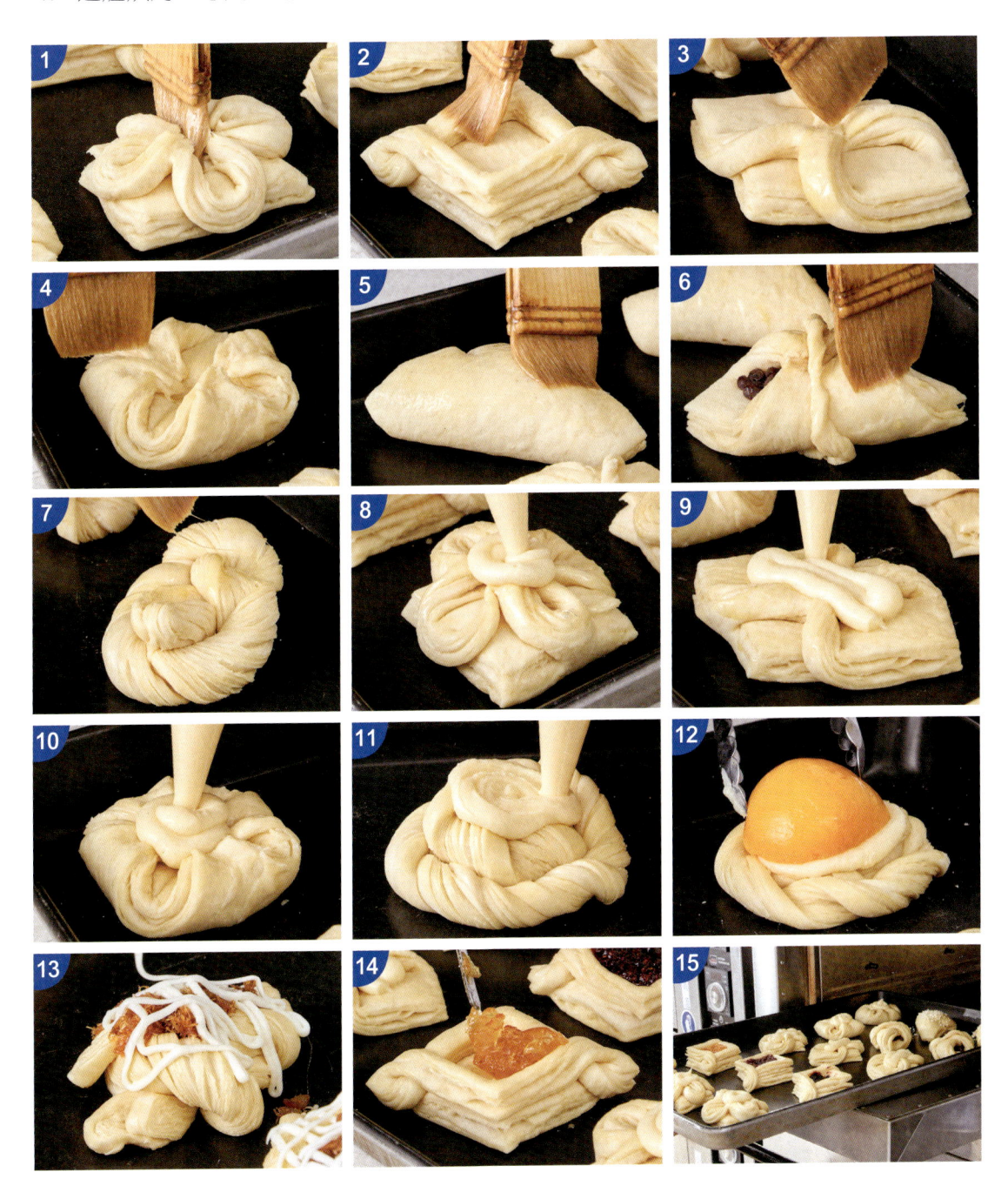

Chapter 3

一般麵包 & 歐式麵包

老麵麵糰配方

使用器具 Appliance
烤盤　　噴水壺
磅秤　　切麵刀
攪拌機組

使用材料 Materal /(g)
高筋麵粉	400	奶粉	20
低筋麵粉	100	奶油	40
糖	90	冷凍益麵劑	5
鹽	6	水	200
新鮮酵母	26	裹入油質	240
雞蛋	100		

Baking memo
發酵時間 50 分鐘
冷藏一天

老麵作法 METHOD

1. 取原始麵糰，預留三分之一。【圖1】
2. 包入塑膠袋或盒子冷藏一天。【圖2】
3. 取出後依原配方內的老麵的比例再加進去，不能超過百分之十。【圖3】

CHAPTER·3

芒果核桃歐式麵包
Mango Walnut Bread

早年的歐包品項較單一，而現今各類歐式天然穀物麵包發展，須歸因於 20 世紀中期引發環保意識覺醒的學生運動。在環保意識抬頭的浪潮中，以健康為主要訴求的食品，儼然成為了新世代的飲食觀！於是各式天然穀物、蔬菜、雜糧被運用，強調健康自然的麵包更是應運而生。

CHAPTER · 3

使用器具　Appliance

烤盤　　　噴水壺
磅秤　　　切麵刀
攪拌機組

使用材料　Materal /(g)

液種
高筋法國粉	380
水	380
伯爵粉	2
低糖酵母	1

本種
高筋法國粉	190
鹽	6
水	61
液種	20
老麵	20
低糖酵母	2
麥芽精	2
芒果乾	120
八分之一碎粒核桃	75

主麵糰
法國麵包粉	563
鹽	11
新鮮酵母	36
麥芽精	3
冰水	255
白油	68
蛋白 (表面裝飾)	3 顆

Baking memo

發酵時間 50 分鐘
冷藏一天
烘烤時間 18~20 分鐘
烤焙溫度 上火 190℃ / 下火 170℃

作法　METHOD

主麵糰製作
1. 取麵糰分割。【圖 1】
2. 滾圓後進行發酵 50 分鐘，完成後冷藏放隔夜。【圖 2】
3. 高筋法國粉、水、蜂蜜、魯邦種、麥芽精與液種混和拌勻。【圖 3】
4. 加入低糖酵母，打至薄膜微鋸齒；加鹽，拌至薄膜後加芒果乾與核桃進行發酵。【圖 4】

裝飾皮製作
5. 將裝飾皮擀開。【圖 5】
6. 壓模。【圖 6】
7. 分別沾白芝麻與黑芝麻。【圖 7~ 圖 8】
8. 將沾白芝麻的麵糰對切。【圖 9】

組合
9. 取裝飾皮，包入主麵糰。
   【圖 10~ 圖 12】
10. 完成後在表面噴水，放上黑芝麻的圓形和對切的白芝裝飾皮。【圖 13~ 圖 15】
11. 放上透明墊，撒上適量糖粉。
    【圖 16~ 圖 18】
12. 進爐烘烤，烘烤前進行噴氣。
    【圖 19~ 圖 20】

1. 主麵糰製作

2. 裝飾皮製作

裝盤重量 250g

份量 6 個

3. 組合

CHAPTER · 3

065

法式愛心紅棗麵包
French Heart Red Dates Bread

紅棗在臺島最早有記載的種植是在清末，公館鄉陳煥南先生之友人將紅棗苗株從中國帶來，紅棗因此在臺灣落地生根。紅棗本身除了能產出可食用的果實之外，其枝條上帶刺，因而被先民種植於住家外圍，以防禦外敵。至今約一百餘年過去，已成為苗栗公館代表性的特產。

CHAPTER・3

使用器具　Appliance

烤盤　　　噴水壺
磅秤　　　切麵刀
攪拌機組

使用材料　Materal /(g)

中種		主麵糰	
法國粉	188	法國麵包粉	563
水	105	鹽	11
新鮮酵母	1	新鮮酵母	36
		麥芽精	3
		冰水	255
		白油	68
		蛋白（表面裝飾）	3 顆

Baking memo

發酵時間 50 分鐘
冷藏一天
烘烤時間 18~20 分鐘
烤焙溫度 上火 190℃ / 下火 170℃

作法　METHOD

主麵糰製作
1. 取麵糰分割。【圖 1】
2. 滾圓後進行發酵 50 分鐘，完成後冷藏放隔夜。【圖 2】

中種
3. 發酵完進行分割。【圖 3】
4. 壓扁，擀長。【圖 4~圖 5】
5. 擀開並捲起後進行鬆弛。【圖 6~圖 8】
6. 拍扁並滾長。【圖 9~圖 10】
7. 整形，包紅棗。【圖 11~圖 12】
8. 噴水並沾芝麻，進爐烘烤。【圖 13~圖 14】

1. 主麵糰製作

2. 裝飾皮製作

裝盤重量 250g

份量 6 個

瑞士辮子麵包
Swiss Braid Bread

使用器具
Appliance

攪拌機具
切麵刀
磅秤
毛刷
烤盤
擀麵棍

使用材料
Materal /(g)

高筋麵粉	1000
糖	135
鹽	15
冰水	450
全蛋	100
乾酵母粉	12
奶粉	40
奶油	45
沙拉油	80
老麵糰	100

裝盤重量
100g

辮子麵包最初流行於瑞士，是一種由麵粉，牛奶，雞蛋，奶油和酵母攪拌製成的麵包，麵糰在編成辮子狀，進入烤焙以前會在表面塗上一層蛋黃，因此烤出來的麵包具有金色的酥脆外殼。而編成辮子狀的手法，也是需要經過相當多琢磨的喔！

CHAPTER·3

基本條狀辮子模式

作法　METHOD

※ 基本條狀辮子製作是最基本的編織技巧，每條製作時需紮實捲密，內部不得有空隙，手感搓揉需粗細一致。

1. 先將奶油麵糰壓延光亮，分割 80 公克，搓揉成橄欖形。【圖 1】
2. 再沾粉擀捲開。【圖 2】
3. 捲起靜置鬆弛五分鐘。【圖 3～圖 4】
4. 再搓揉成長條，靜置鬆弛五分鐘，即完成作品基本條狀辮子模式。【圖 5】

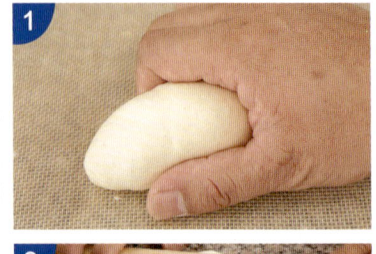

一辮作法：麻花結

作法　METHOD

※ 流傳坊間以久的傳統麻花造型，早期用來作麻花甜甜圈，因時代改變，其作法也衍生出更方便的方式來完成。

1. 基本條狀辮子搓揉成長條、上下對折。【圖1】
2. 單手捲起。【圖2】
3. 頭部接縫捏緊密，上火 180℃／下火 150℃ 烘烤約 20 分著色即完成作品。【圖3】

※ 使用工具：矽膠墊、烤盤、切麵刀、毛刷、擀麵棍

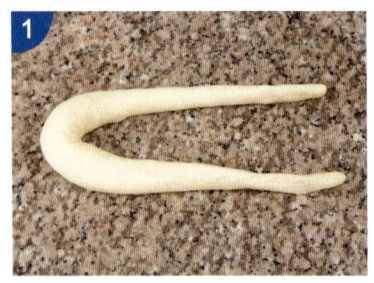

二辮作法：平面水滴結

作法 METHOD

※ 兩條辮子左右圍繞，編織出平面水滴狀，此為最基本的圍繞編織模式。

1. 基本條狀辮子兩條搓揉成長條，兩條由中心處交重覆交叉編織。【圖1～圖2】
2. 左右兩邊繼續交叉編織。【圖3～圖8】
3. 尾端兩條搓揉成長條。【圖9】
4. 尾端結合，即完成作品。

※ 使用工具：矽膠墊、烤盤、切麵刀、毛刷、擀麵棍

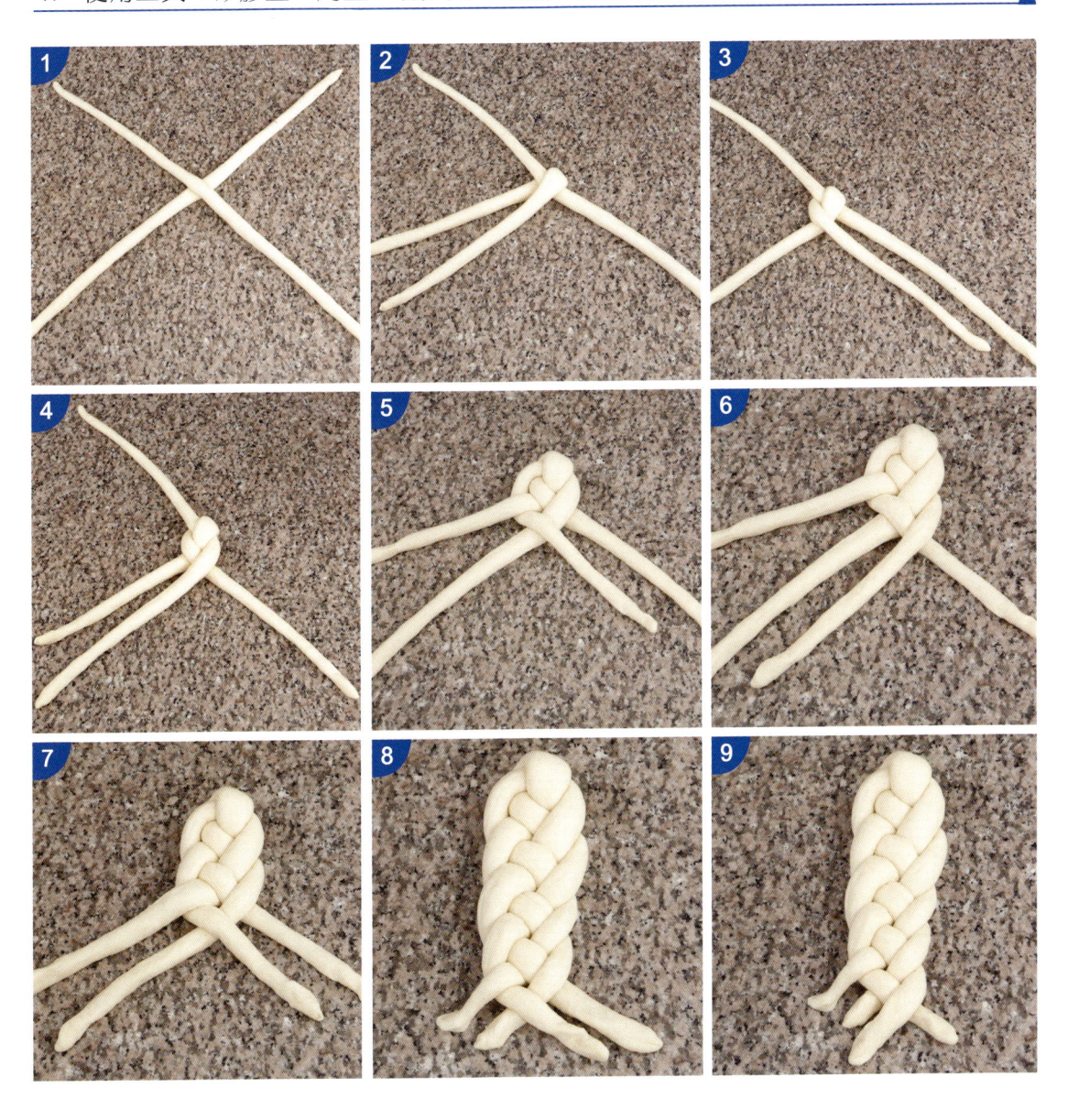

三辮作法

作法 METHOD

※ 以三條辮子的作法，做出平面的三條交叉模式，最常被使用在甜麵包上，佈上餡料再烘烤的方式。

1. 基本條狀辮子模式三條。【圖1】
2. 搓揉成長條、由右至左排序再以3-2、1-2方式，由上往下左右交叉編織。【圖2～圖9】
3. 上火180℃／下火150℃烘烤約28分著色，即完成作品。

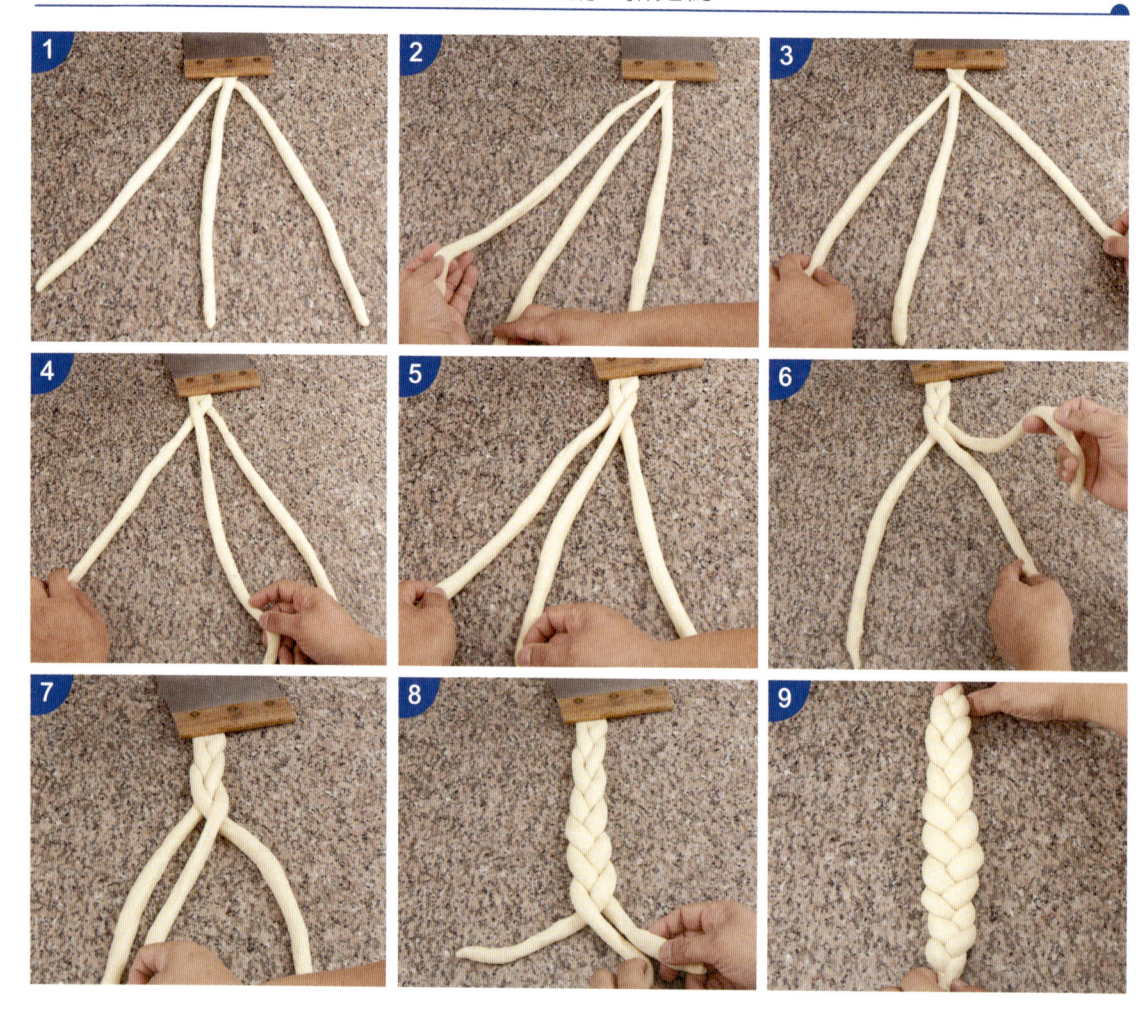

※ 使用工具：矽膠墊、烤盤、切麵刀、毛刷、擀麵棍

四辮作法

作法 METHOD

※ 四辮子起的做法需以排序公式，維持陸續編織的手法來完成。

1. 四條搓揉成長條。【圖1】
2. 由右至左排序再以 2-3、4-2、1-3 方式，左右交叉編織。【圖2～圖9】
3. 上火 180℃ / 下火 150℃ 烘烤約 30 分著色，即完成作品。

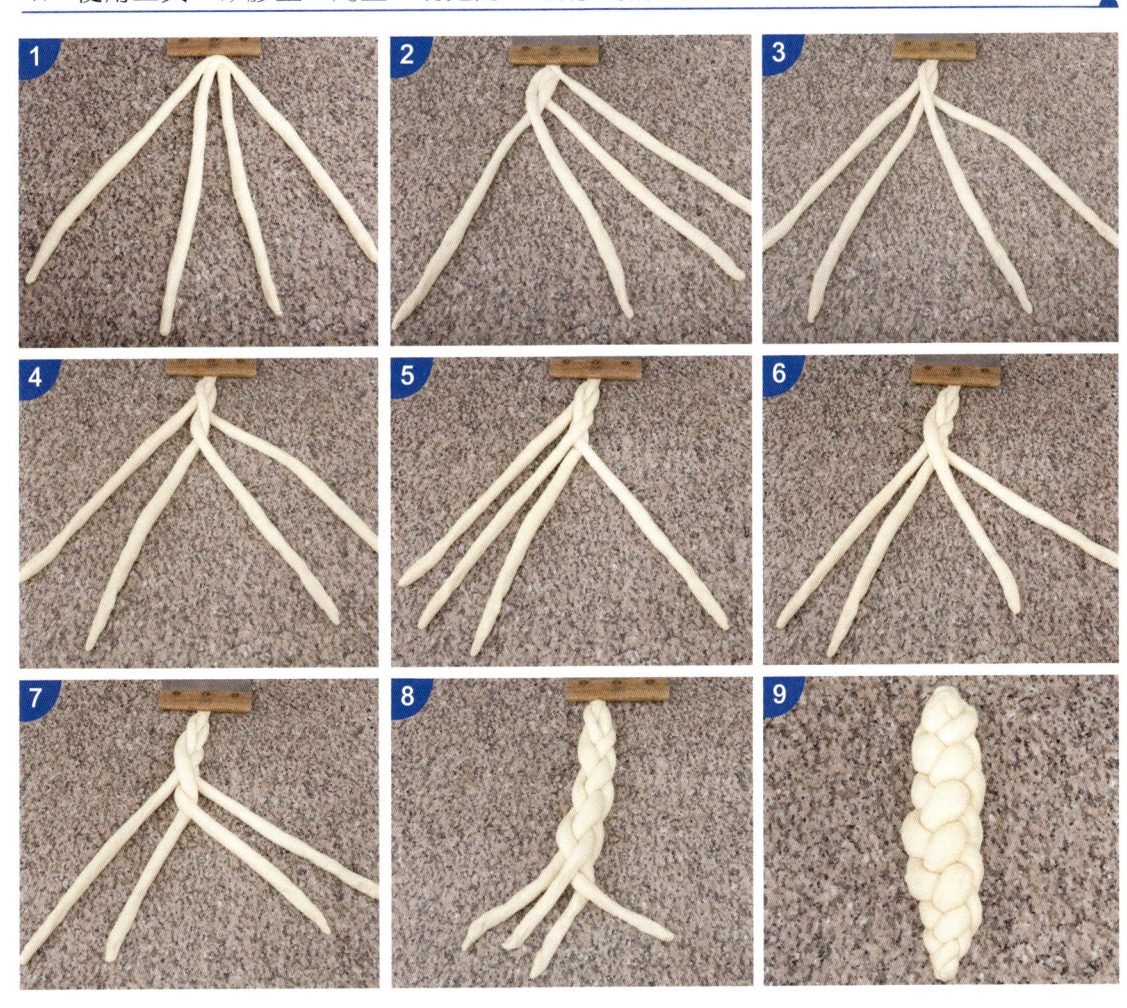

※ 使用工具：矽膠墊、烤盤、切麵刀、毛刷、擀麵棍

五辮作法

作法 METHOD

※ 需以排序公式來完成，維持陸續編織的手法來完成，跟四辮子所編織出的模樣造型更為立體。

1. 五條搓揉成長條。【圖1】
2. 由右至左排序再以 2-3、5-2、1-3 方式，左右交叉編織。【圖2～圖9】
3. 上火 180℃／下火 150℃ 烘烤約 33 分著色，即完成作品。

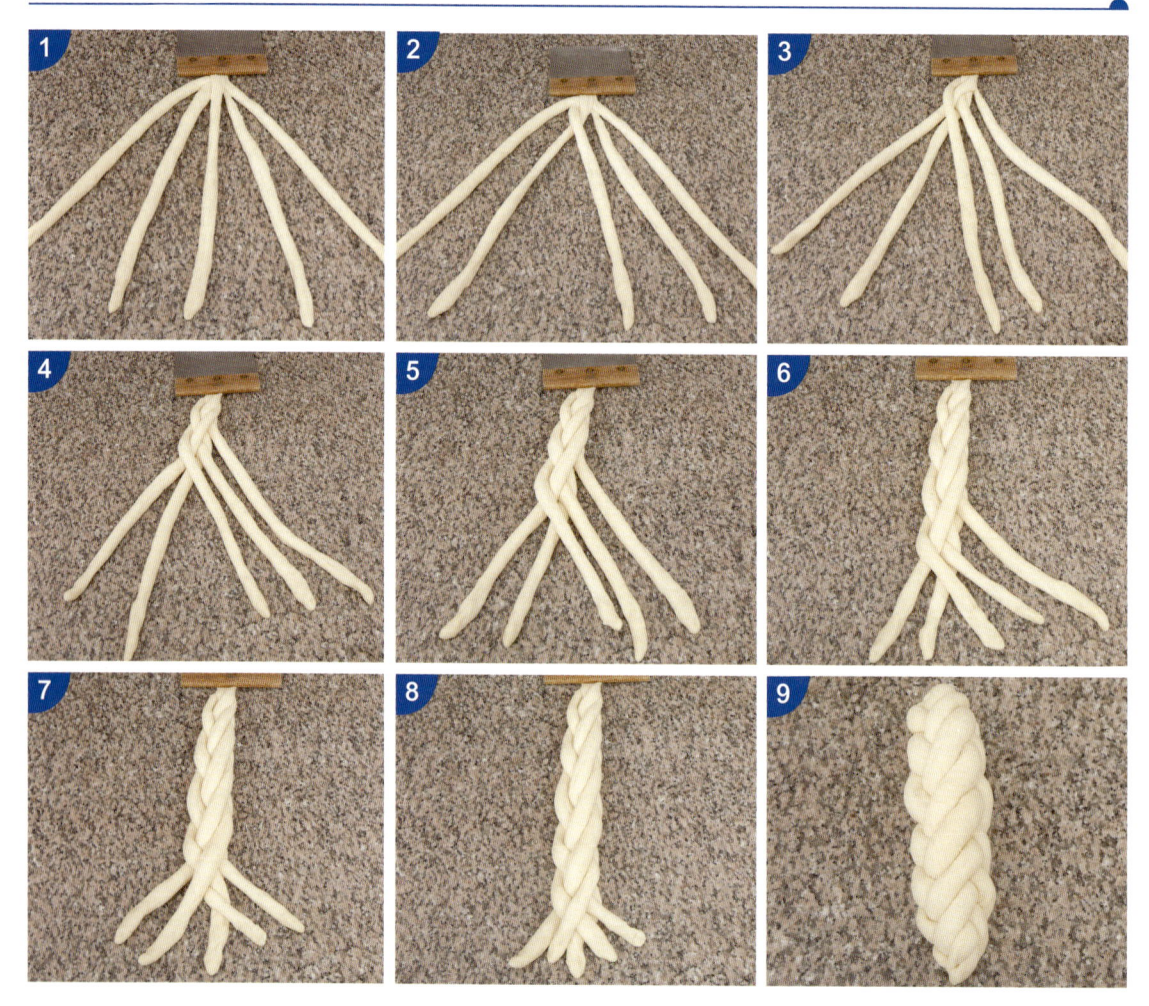

※ 使用工具：矽膠墊、烤盤、切麵刀、毛刷、擀麵棍

六辮作法

作法 METHOD

* 需以排序公式來完成，維持陸續編織的手法來完成，跟五辮子所編織出的模樣造型更為凸險，要特別注意底部需確實朝下放置。

1. 六條搓揉成長條。【圖1】
2. 由右至左排序再以 6-4、2-6、1-3、5-1，左右交叉編織【圖2～圖14】
3. 上火 180℃／下火 150℃ 烘烤約 35 分著色，即完成作品。

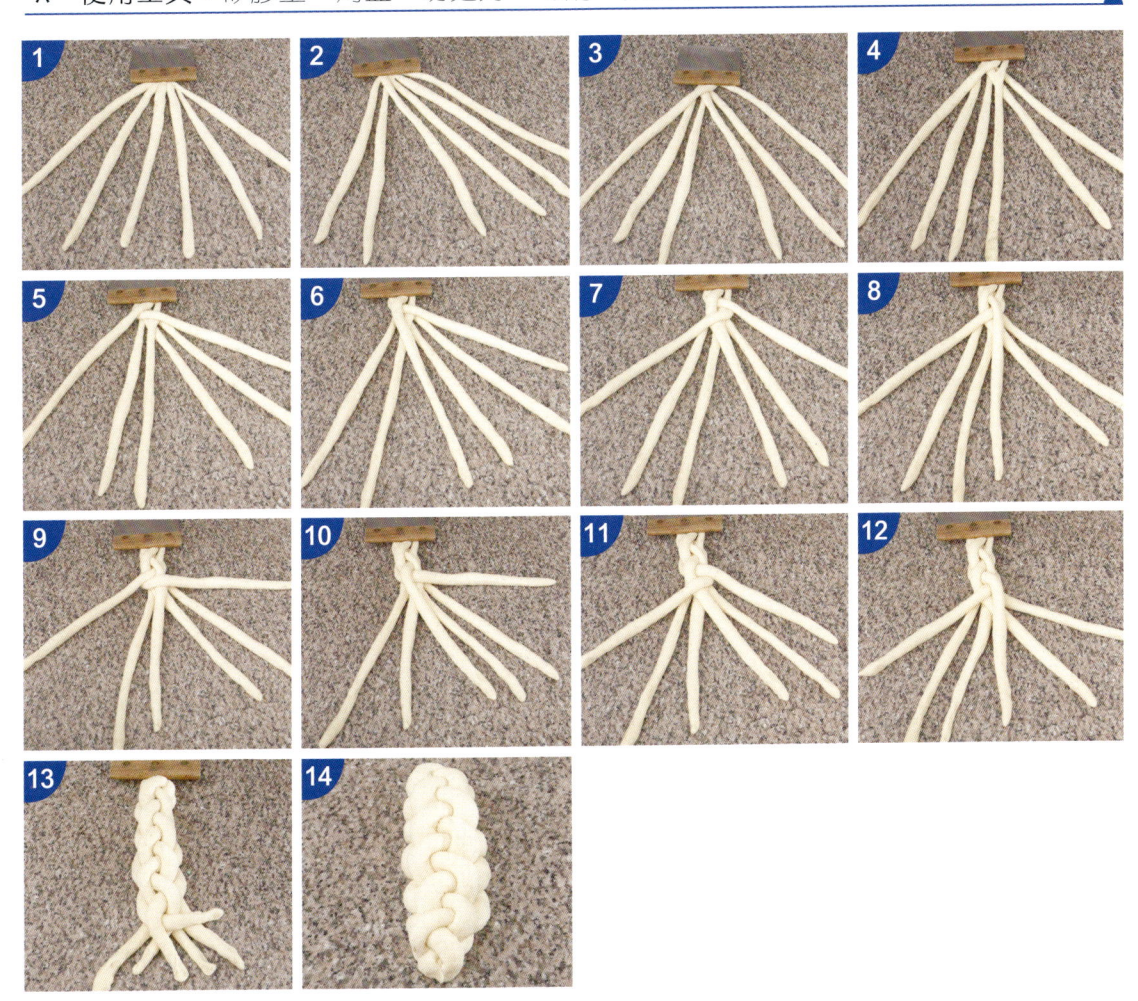

* 使用工具：矽膠墊、烤盤、切麵刀、毛刷、擀麵棍

韓國 QQ 麵包
Korean PuffBread

這款風行在台灣的麵包，之所以被稱作韓國麵包是因為早期該麵包在發表時，加入韓國泡菜口味而聞名，其內裡猶如地瓜球，加熱膨脹為原體基數倍原料添加樹薯澱粉及澄粉。

使用器具　Appliance

- 烤盤
- 磅秤
- 攪拌機組
- 噴水壺
- 切麵刀

Baking memo

鬆弛時間　20 分鐘
第一次烘烤時間　8 分鐘
第二次烘烤時間　28 分鐘
烤焙溫度　上火 200℃ / 下火 190℃

裝盤重量 100g

使用材料　Materal /(g)

韓國粉	880
高筋麵粉	120
奶粉	30
全蛋	6 個
奶油	150
水	310
鹽	2
烤過的黑芝麻	36

輔助材料

沙拉油	150

作法　METHOD

1. 所有材料放入攪拌機慢速 2 分中速 3 分
2. 最後加入黑芝麻攪拌均勻
3. 攪拌完包覆保鮮膜鬆弛 20 分
4. 分割重量 55 公克
5. 手沾沙拉油滾圓麵糰
6. 平均間隔放置烤盤上
7. 先烤 8 分鐘後烤盤托出，麵糰表面噴水再烤 28 分
8. 上火 200℃ / 下火 190 度℃

CHAPTER · 3

079

黑眼豆豆麵包
Black Rock Chocolate Meal Bag

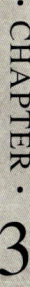

使用天然棕色可可粉,讓麵包呈現黑釉色,內餡搭配
軟質巧克力外觀添加一對用巧克力作成的眼睛,可愛
造型相當吸引年輕消費者的青睞!

CHAPTER · 3

使用器具　Appliance

攪拌機具	烤盤
切麵刀	包餡尺
磅秤	篩網
毛刷	橡皮刮刀

Baking memo

第一次發酵時間　60 分鐘
第二次發酵時間　20 分鐘
第三次發酵時間　50 分鐘
烤焙溫度　上火 190℃ / 下火 190℃
烤焙時間　21 分鐘

使用材料　Materal /(g)

主體材料 (g)

高筋麵粉	500	可可粉	12	白油	55
糖	90	動物鮮奶油	50	防潮糖粉	60
鹽	8	蛋	50	鈕釦型白巧克力	適量
酵母	9	水	210		

內餡材料 (g)

軟質巧克力	150	水滴巧克力	120	八分之一核桃	80

作法　METHOD

1. 所有材料放置攪拌機慢速攪拌兩分鐘後，再用中速至接近擴展階段。【圖 1~ 圖 2】
2. 將奶油以慢速攪拌三分鐘均勻後再把麵糰繼續中速攪拌至完成階段。【圖 3~ 圖 4】
3. 放進發酵箱基本發酵 60 分鐘。
4. 分割重量 80 公克，滾圓平放烤盤上。【圖 5~ 圖 9】
5. 放入發酵箱，中間發酵 20 分鐘。
6. 餡料製作：核桃碎粒要先用上下火 150 度烤 10 分鐘，冷卻後再跟其他材料攪拌均勻即可。【圖 10~ 圖 12】
7. 包入餡料 45 公克。【圖 13~ 圖 15】
8. 最後發酵 50 分鐘，烘烤完成再裝飾眼睛，表面灑糖粉。【圖 16~ 圖 18】
9. 進入烤箱烘烤：上下火 190℃ 約 21 分產品出爐。

1. 主體製作

裝盤重量
80g

2. 餡料製作

3. 組合與烘烤

義大利佛卡夏麵包
Italian Focaccia

佛卡夏在拉丁文中是壁爐的意思。過去在羅馬時期的佛卡夏是由麵粉、水和酵母和鹽揉成的麵糰，並在金屬製的火盆內烹製烘烤成形。佛卡夏麵包的質地厚實柔軟、低糖不膩，一般食用方法是夾火腿、蔬菜或起司，做成三明治，鬆軟口感也很適合直接食用喔！

使用器具　Appliance

電子秤　　刷子

使用材料　Materal /(g)

材料	份量
高筋麵粉	870
低筋麵粉	130
糖	50
鹽	16
老麵糰	100
義大利綜合香料	4
橄欖油	100
英國麥芽精	15
乾酵母粉	45
冰水	550

表面裝飾

材料	份量
切片黑橄欖	20 顆
食品級粗鹽	100
橄欖油	250
聖女小紅蕃茄	20 個

Baking memo

第一次發酵時間　60 分鐘
第二次發酵時間　25 分鐘
烤焙溫度　上火 190℃ / 下火 190℃
烤焙時間　20 分鐘

裝盤重量 180g
份量 10 個

作法　METHOD

1. 將麵糰所有材料攪拌至今近完成階段。【圖1】
2. 基本發酵 60 分鐘後分割 100g 滾圓。【圖2～圖3】
3. 中間發酵 25 分鐘後壓延圓扁形。【圖4】
4. 放入發酵箱，最後發酵 45 分。【圖5】
5. 用手戳三孔，表面擦拭橄欖油。【圖6～圖7】
6. 放入番茄及黑橄欖再撒粗鹽。【圖8】
7. 進烤箱上火 190℃ / 下火 190℃ 烤約 20 分。【圖9】
8. 烤完趁熱再抹橄欖油一次。【圖10】

1. 麵糰製作

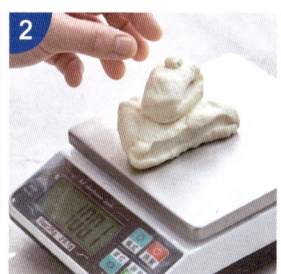

2. 發酵與調味

CHAPTER 3

香蕉麵包
Banana Bread

香蕉麵包最早的配方大約是出現在 1930 年代的烹飪書中。一九三零年代，隨著泡打粉大量被使用在糕點製作中，香蕉麵包也因而得名。而這一款外形像條狀的常溫蛋糕，除了風味濃郁外，口感也是相當鬆軟綿密，很適合在早餐及午茶點心做搭配食用喔！

使用器具　Appliance

長條蛋糕模具	攪拌機具
烘焙紙	毛刷
烤盤	鋼盆
西餐刀	橡皮刮板
蛋糕探針	

使用材料　Materal /(g)

奶油	450	烤過碎粒核桃 1/8	240
砂糖	600	高筋麵粉	650
鹽	7	B.P. 泡打粉	16
全蛋	6 個	動物性鮮奶油	200
熟香蕉	650	蘭姆酒	65

裝盤重量 500g

份量 6 個

作法　METHOD

1. 預先準備長條蛋糕烤模，烤模底部及四周塗好白油並圍好已切割的白報紙。
2. 將奶油與砂糖打發，雞蛋分次加入打發麵糊。【圖1~圖2】
3. 再加入香蕉丁一起繼續打發至砂糖溶解，麵糊呈乳白色。【圖3】
4. 打發後把動物鮮奶油與酒加入與麵糊拌均。【圖4】
5. 加入高筋麵粉與核桃拌均。【圖5】
6. 將把麵糊倒入蛋糕烤模。【圖6】
7. 進烤箱烘烤上火 200℃ / 下火 190℃ 烤約 50 分。【圖7】
8. 烤好脫模冷卻將圍邊紙撕開，蛋糕表面可擦拭糖水。【圖8~圖9】

CHAPTER · 3

歐克巧克力麵包
Chocolate Ouke Bread

歐克麵包是以一層歐克白油皮，包覆整個麵包，麵包內有內餡，做出多層次的口感，是款極受市場歡迎的麵包。而除了表皮可撒上黑芝麻粒外，麵糰內也可更換為草莓、巧克力或玫瑰麵糰口味來組合喔！

使用器具 Appliance

擀麵棍	切麵刀
包餡尺	磅秤
橡皮刮刀	桌上型攪拌機
剪刀	

Baking memo

歐克皮基本發酵時間　50 分鐘
歐克皮二次發酵時間　20 分鐘
歐克皮三次發酵時間　40 分鐘
烤焙溫度　上火 160℃ / 下火 190℃
烤焙時間　25 分鐘

使用材料 Materal /(g)

主體材料 (g)

高筋麵粉	500	乾酵母粉	9
糖	60	鮮奶	100
鹽	8	全蛋	100
S500 麵糰改良劑	5	奶油	60
可可粉	19	冰水	100

歐克皮材料 (g)

高筋麵粉	105
低筋麵粉	22
糖粉	11
水	62
白油	40

內餡材料 (g)

軟質巧克力	250	蜜核桃	65	泡酒葡萄乾	108

作法 METHOD

內餡製作
1. 內餡材料混勻後備用。【圖 1～圖 3】

麵糰做法
1. 麵糰攪拌至完成階段，奶油後加。【圖 4～圖 6】
2. 放進發酵箱基本發酵 50 分鐘。
3. 分割重量 65 公克，整形滾圓長狀平放烤盤上。【圖 7】
4. 放入發酵箱，中間發酵 20 分鐘後包內餡。【圖 8～圖 11】
5. 壓延，擀捲歐克皮 20g，包好麵糰。【圖 12～圖 15】
6. 最後發酵 40 分鐘，烤前剪側邊。【圖 16】
7. 上火 160℃ / 下火 190℃烤 25 分後出爐敲氣。【圖 17】

1. 內餡製作

2. 歐克皮製作

3. 發酵與包餡

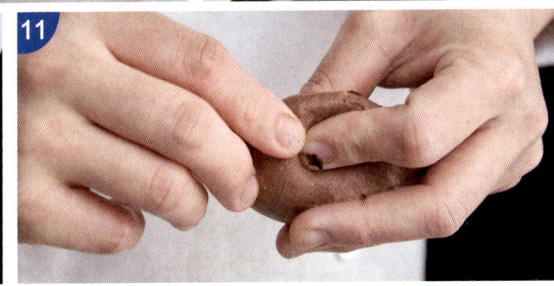

4. 整形與組合

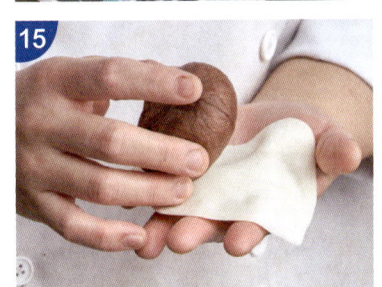

裝盤重量 88g

猶太貝果麵包
Israelite Bagels

貝果這個字源自於德文，是手鐲的意思，也是由它的外型而得名。而為了符合貝果的定義，除了圓形外表和中間的空洞外，表皮也需要用熱水燙麵過，才能彰顯出麵筋熟化，韌性十足的口感喔！

使用器具　Appliance

攪拌機具　　切麵刀
漏水勺　　　烤盤
磅秤　　　　毛刷
煮鍋

使用材料　Materal /(g)

主體材料 (g)			
高筋麵粉	500	全蛋	1 個
糖	30	奶粉	6
鹽	8	老麵	50
水	230		
乾酵母粉	6		
沙拉油	22		

Baking memo

第一次發酵時間　60 分鐘
第二次發酵時間　20 分鐘
第三次發酵時間　35 分鐘
烤焙溫度　上火 180℃ / 下火 160℃
烤焙時間　24 分鐘

作法　METHOD

1. 所有材料放置攪拌機攪拌至接近完成階段。【圖 1~ 圖 2】
2. 放進發酵箱基本發酵 60 分鐘。
3. 分割重量 90 公克，整形長條型平放烤盤上。【圖 3】
4. 放入發酵箱，中間發酵 20 分鐘。【圖 4】
5. 整形 (壓延，擀捲，包覆)，最後發酵 35 分鐘。【圖 5~ 圖 12】
6. 以 90 度以上，熱水燙麵後，水瀝乾後再放至烤盤。【圖 13~15】
7. 表面擦拭全蛋液或蛋白液。
8. 進入烤箱烘烤：上火 180℃ / 下火 160℃約 24 分產品出爐。【圖 16】

1. 麵糰製作

2. 分割與發酵

3. 塑型與烘烤

裝盤重量 90g

娃娃紅豆麻糬麵包
Mochi Buns With Candied Red Beans

將麵包與麵皮做出可愛娃娃的平面造型，風趣多變，又能吸引年輕的消費族群。內餡紅豆搭配麻糬，很適合東方和風的內餡風味。

CHAPTER・3

Baking memo

第一次發酵時間　60 分鐘
第二次發酵時間　20 分鐘
第三次發酵時間　50 分鐘
烤焙溫度　上火 190℃ / 下火 190℃
烤焙時間　20 分鐘

使用材料　Materal /(g)

主體材料 (g)				裝飾麵皮 (g)			
高筋麵粉	500	老麵糰	8	高筋麵粉	200	白油	68
細砂糖	65	蛋	50	低筋麵粉	20	冰水	140
鹽	7	冰水	220	細砂糖	25	可可粉	11
乾酵母粉	6	奶油	40	鹽	1	冰水	140

內餡 (g)				卡士達餡 (g)			
紅豆餡	500	耐烤焙麻糬	200	卡士達粉	50	牛奶	150

作法　METHOD

1. 麵糰攪拌到完成階段，基本發酵 60 分。【圖 1～圖 2】
2. 分割 85 公克中間發酵 20 分。【圖 3】
3. 巧克力麵皮攪拌均勻分割 25 公克，擀捲開成 3 吋薄圓片放冷凍冰箱。【圖 4～圖 5】
4. 卡士達內餡材料混和均勻後裝入擠花袋。【圖 6】
5. 把麵糰擀捲成橢圓狀，包餡對折，最後發酵 50 分。【圖 7～圖 9】
6. 烤前刷蛋液，切巧克力麵糰當頭髮，表面擠卡士達餡做五官。【圖 10～圖 11】
7. 上火 190℃ / 下火 190℃ 烤 20 分。【圖 12】

1. 主麵糰

装盤重量 165g

份量 11個

2. 裝飾麵皮製作

核桃肉桂捲
Walnut Cinnamon Rolls

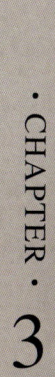

核桃肉桂捲是一款風靡全世界的麵包，肉桂奶油餡香氣迷人，核桃果仁酥脆可口。麵包表面可多樣化呈現的裝飾，使用翻糖、白巧克力、珍珠糖粒或核桃粒。外型可做圈捲型或辮子狀，麵糰不能發酵過度，可適當添加低筋麵粉，才能使麵皮的口感更介於蛋糕跟麵包之間。

CHAPTER · 3

使用器具 Appliance

磅秤	西餐刀
切麵刀	烤盤
擀麵棍	毛刷

Baking memo

第一次發酵時間　45 分鐘
麵糰冷凍　40 分鐘
鬆弛　　　25 分鐘
第二次發酵時間　40 分鐘
烤焙溫度　上火 190℃ / 下火 210℃
烤焙時間　25 分鐘

使用材料 Materal /(g)

主體材料 (g)

高筋麵粉	500	老麵	100	
砂糖	55	全蛋	100	
鹽	8	冰水	130	
酵母	7	奶油	100	

內餡材料 (g)

糖	233	冰水	7
發酵奶油	55	1/8 碎粒核桃	80
鹽	3	食用肉桂粉	30
全蛋	67	杏仁粉	45

烤前外皮裝飾 (g)

全蛋	兩個	細小珍珠糖粒	小包	1/8 碎粒核桃	200

作法 METHOD

1. 將主麵糰材料攪拌至擴展階段，放入鋼盆基本發酵 45 分。【圖 1～圖 2】
2. 手壓扁麵糰放入塑膠袋或保鮮膜內，進冰箱冷凍冰 40 分。【圖 3】
3. 取出麵糰壓延展開長方形橫條片狀，將內餡鋪平麵皮上捲起。【圖 4～圖 6】
4. 放冷凍冰存鬆弛 25 分鐘完，切出要的 90G 重量等分。【圖 7～圖 8】
5. 可放置烤盤也可放入圓形框模內，最後發酵 40 分。【圖 9】
6. 烤前表皮裝飾：擦蛋水，灑珍珠糖粒跟核桃。【圖 10～圖 11】
7. 上火 190℃ / 下火 210℃ 烤約 25 分，烤後趁熱表面擦奶油。【圖 12】

1. 麵糰製作

裝盤重量
90g

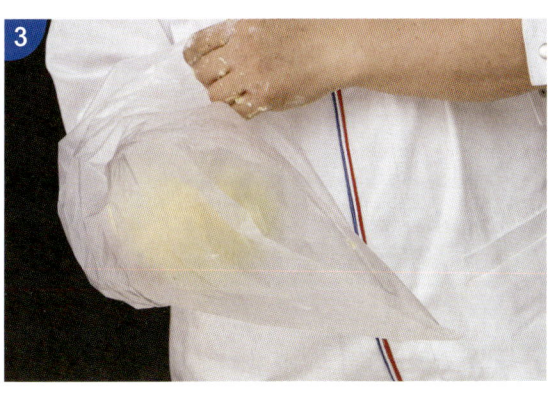

2. 組合與烘烤

墨西哥莎莎餅麵包
Mexico Salsa Cheese Bread

墨西哥薄餅的代表作，作法類似比薩，但麵皮很薄，配量很豐富，口味變化組合多元。麵包剛出爐時麵皮香脆，很適合午晚餐主食或搭配啤酒飲料一起享用。

使用器具　Appliance
- 攪拌機具組
- 切麵刀
- 磅秤
- 毛刷
- 叉子
- 噴水壺
- 烤盤
- 三叉湯匙
- 噴水壺
- 三角紙
- 剪刀
- 滾輪刀

Baking memo
- 第一次發酵時間　60 分鐘
- 第二次發酵時間　25 分鐘
- 烤焙溫度　上火 200℃ / 下火 190℃
- 烤焙時間　25 分鐘

使用材料 Materal /(g)

主體材料 (g)

高筋麵粉	275	老麵糰	50
低筋麵粉	225	橄欖油	45
糖	18	鮮奶	60
鹽	8	冰水	220
即溶乾酵母	7		

裝飾 (g)

帕馬森起士粉	一小罐	粗黑胡椒粒	適量
沙拉醬	兩小條包裝	燻雞肉絲	1/3 包
乳酪絲	半包	泰式燒雞醬	1/2 包
烤過白芝麻	50		
美式芥末醬	100		

裝盤重量 450g

份量 2 個

作法 METHOD

1. 所有材料攪拌至接近完成階段，基本發酵 60 分鐘。【圖 1】
2. 分割 450g 兩等份，折整為橢圓形狀，放入發酵箱，中間發酵 25 分鐘。【圖 2】
3. 烤盤先噴點水，以利麵糰拉麵時附著不回彈。
4. 麵糰分次拉出麵皮至半個烤盤四方大小，麵皮上戳孔以利烘烤時散熱不易膨大。【圖 3~ 圖 4】
5. 可做燒雞烤口味，將泰式燒雞醬在麵皮上抹開、粗黑胡椒粒、燻雞肉絲、比薩絲撒上並用沙拉醬擠上線條。【圖 5~ 圖 8】
6. 上火 200℃ / 下火 190℃，烤時間約 25 分鐘，出爐後用輪刀切割。【圖 9~ 圖 10】

1. 麵糰製作

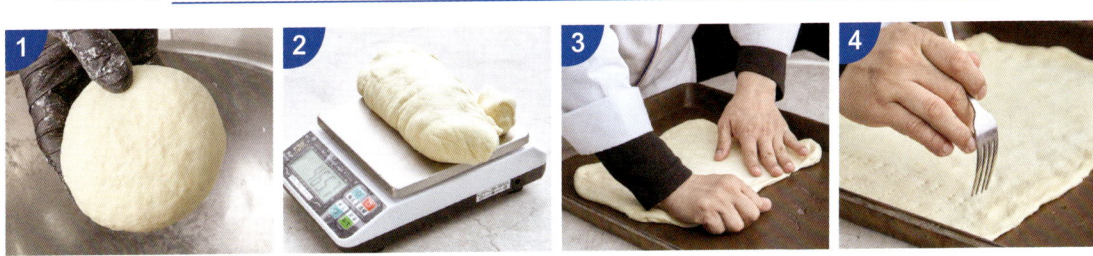

2. 調味與烘烤

CHAPTER · 3

日式白麵包
Japanese White Bread

白色長條狀的低糖麵包主體，麵糰質地柔軟，搭配草莓內餡，甜而不膩。為了預防表皮水份蒸發產生硬皮乾燥口感，建議製作完成品時，要立即用玻璃紙包裝銷售提升麵包保存新鮮度。

使用器具　Appliance

擀麵棍　　麵包鋸齒刀
切麵刀　　攪拌機具組

Baking memo

第一次發酵時間　60 分鐘
第二次發酵時間　20 分鐘
第三次發酵時間　40 分鐘
烤焙溫度　上火 150℃ / 下火 160℃
烤焙時間　18~20 分鐘

裝盤重量 90g

使用材料　Materal /(g)

主體材料 (g)

高筋麵粉	500
糖	28
鹽	8
奶粉	15
老麵糰	100
白油	45
新鮮酵母	23
水	300

內餡 (g)

草莓果醬	300
蜂蜜	60

作法　METHOD

1. 所有材料放置攪拌機攪拌，白油後加。直到接近完成階段，再放進發酵箱進行基本發酵 60 分鐘。【圖 1~ 圖 3】
2. 分割重量 90 公克，整形成橢圓長狀平放烤盤，放入發酵箱發酵 20 分鐘。【圖 4】
3. 整形，壓延，擀捲，揉長，塑成長條型平放烤盤上，最後發酵 40 分鐘。【圖 5~ 圖 7】
4. 內餡製作，草莓果醬加蜂蜜，拌勻後均勻填入擠花袋即可。【圖 8~ 圖 9】
5. 上火 150℃ / 下火 160℃ 烤 18~20 分後出爐敲氣。【圖 10】
6. 冷卻後，用鋸子刀橫切麵包側邊。將餡料由側邊橫擠進麵包內，用玻璃紙包裝保持麵包水份，口感柔軟。【圖 11~ 圖 12】

CHAPTER 3

法式馬卡龍南瓜麵包
French Macaroon Pumpkin Bread

南瓜其營養價值高，富含維他命 A 及 C 與纖維質，將南瓜蒸煮後攪拌成泥，加入麵包內攪拌，麵包本體柔軟順口，加上表面覆蓋一層馬卡龍杏仁蛋白餅，香甜而不膩，更能在萬聖節的餐會上呈現！

使用器具　Appliance

磅秤　　　　削皮器
扁平口花嘴　切麵刀
擠花袋　　　攪拌機具組

Baking memo

第一次發酵時間　60 分鐘
第二次發酵時間　20 分鐘
第三次發酵時間　35 分鐘
烤焙溫度　上火 190℃ / 下火 180℃
烤焙時間　28 分鐘

使用材料　Materal /(g)

主體材料 (g)

高筋麵粉	1000	乾酵母粉	15
糖	150	南瓜泥	200
鹽	15	老麵糰	100
全蛋	200	冰水	150
奶油	80	奶粉	25

馬卡龍蛋白餅材料 (g)

蛋白	100
白砂糖	50
香橙皮屑	0.5
杏仁粉	150
糖粉	200

烤前表面裝飾材料 (g)

防潮糖粉	80	杏仁片	適量

作法　METHOD

主麵糰製作

1. 使用新鮮南瓜蒸煮熟打成泥冷藏備用。【圖 1】
2. 將主體材料加入攪拌至麵糰光亮，加入奶油慢速 3 分鐘，再攪拌到接近完成，麵糰在攪拌缸集中，薄漠狀態。【圖 2～圖 4】
3. 基本發酵 60 分鐘，分割成 80 公克後，將麵糰用手搓成長條狀，進發酵箱進行中間發酵 20 分鐘。【圖 5～圖 6】
4. 使用三條編出交叉辮子型，口訣為 13、31、13、31，完成後進發酵箱最後發酵 35 分鐘，進發酵箱最後發酵 35 分鐘。【圖 7～圖 8】

瑪卡龍蛋白餅作法

5. 將蛋白與白砂糖打發至乾性發泡尾尖挺立，加入香橙皮屑、杏仁粉、糖粉一起攪拌均勻。【圖 9～圖 11】
6. 使用扁平口花嘴將蛋白餅擠到麵包上。表面灑桔子蜜丁與防潮糖粉。【圖 12～圖 14】
7. 上火 190℃ / 下火 180℃ 烤 28 分鐘。【圖 15】

1. 主麵糰製作

裝盤重量
240g

2. 瑪卡龍蛋白餅作法

CHAPTER 3

111

Chapter 4 藝術麵包

藝術麵包的麵糰特性

　　不同的配方物料組合會產生不同麵糰特性，在製作藝術麵包時，可依其特性運用需求而搭配。(黃威勳，2012)

　　一項好的藝術麵包工藝作品，所套用的不只是美術道具與捏塑技巧就能實現，還需對各項藝術包麵糰其特性，要很細心去了解，早期人們都將已作好的麵包或把各種不同的麵包組合起來，以各種形態陳列在櫥窗上，而其多數都以法國長條、或編織成條的歐式麵包、表皮圓滑的布里歐麵包等。隨著現在的資訊傳播快速，對藝術麵包這項工藝技術，不再是以前那般，用所販售的麵包麵糰來製作，新的作法，新的麵糰種類相繼推陳出新，也豐富了表現方式。

　　麵粉與水攪拌後會有筋性產生、會發酵、需塑型、要烘烤這都是藝術麵包時要克服的製作條件，無法像拉糖或巧克力隨流凝固，更不能像捏麵人或杏仁膏那樣、捏塑成型不需烘烤，所以藝術麵包的製作，需搭配多種麵糰來完成，在世界杯與全國技能競賽麵包類組，更在比賽規範中明文規定，需使用兩種以上麵糰或搭配發酵麵糰來完成藝術麵包作品，並依規定評審可檢視麵糰使用類別。

　　現在烘焙業所使用的藝術麵包麵糰種類很多，除了保有原來的模式配方，每年也相繼推陳出新，出現很多不同特性的麵糰，為了提供讀者對藝術麵包麵糰特性的深入瞭解，本書對烘焙專業上常使用到的藝術麵包麵糰，如：奶油麵糰(菲律賓麵包)、糖漿麵糰、玫瑰麵糰、發酵麵糰、在來米麵糰及對麵糰顏色形成與變化，逐一解說，藉以在製作藝術麵包時，能詳細提供所參考。

藝術麵包展示筐
Artistic Bread Display Basket

台灣美食展展出作品 Taiwan Culinary Exhibition

挑選展示布條是門很重要的課題，能使麵包更美觀並具有實質感官加分作用。（圖：藝術麵包展示筐）

海神媽祖
The Goddess Of The Ocean Mazu

『主題』是作品最強烈的表徵，而創作者技巧的發揮，更是賦予作品生命的來源。
（圖：海神媽祖）

台灣美食展展出作品 Taiwan Culinary Exhibition

中國醒獅

Chinese Awakening The Lion

台灣美食展展出作品 Taiwan Culinary Exhibition

一個完美的主題作品呈現，需要有很大的巧思與長時間的磨練、掙扎與考驗才能完成作品。(圖：中國醒獅)

三國之呂布

Lu Bu Of The Three Kingdoms

台灣美食展展出作品 Taiwan Culinary Exhibition

一個完美的主題作品呈現，能使在場者為之驚嘆、頻頻稱讚，這就是給予創作者，最大激賞與肯定！（圖：三國之呂布）

奶油麵糰

在台灣烘焙產業界俗稱的『菲律賓』麵包，於60年代盛傳至今，麵包店師傅將其麵糰材料攪拌均勻後，再經由麵糰滾輪，重覆將麵糰內部壓延緊密紮實，表皮平順光滑，再分割重量，捏造成型，如魚、鱷魚、龍蝦、木魚、豬或卡通人物等，再微發酵後，刷拭奶水再低溫烘烤，如此作法跟藝術麵包製作流程相同，其最大不同是在原料中多添加了雞蛋、奶油、糖與水的使用量及牛奶香料，使麵包風味香濃，口感紮實又細膩，而且保存時間也比一般甜麵包來的長，極受消費者青睞、是最有商業取向的藝術麵包之一。

奶油（菲律賓）麵糰

材料 Ingredients	百分比%	重量
材料 A		
高筋麵粉	100	1000 g
糖	18	180 g
鹽	1	10 g
雞蛋	16	160 g
奶水	40	400 g
奶粉	4	40 g
奶油	7	70 g
白吐司麵糰	10	100 g
乾酵母	1	10 g
材料 B		
蛋牛乳香料	0.5	5 g
水	4	30 g

作法 METHOD

1. 將主麵糰材料全部放入攪拌缸中，以慢速2分鐘、中速3分鐘攪拌。【圖1～圖2】
2. 主麵糰完成後，放入發酵箱，基本發酵60分鐘。
3. 麵糰基本發酵完，將蛋、牛乳、香料與水一起攪拌，以慢速2分鐘、中速3分鐘攪拌。
4. 麵糰裝入塑膠袋中鬆弛10分鐘後，即可壓延麵糰，使其麵糰表面光亮，再塑造成型。【圖3】

特性

表皮光亮，口感紮實，風味香濃，可塑性佳，保存時間短，商業性質高，屬較食用型的藝術麵包。

糖漿麵糰

　　糖漿麵糰，是以砂糖與水煮成糖液，將糖結晶分散於整個麵糰中，其主要特性在於作品烘烤冷卻後，能恢復糖結晶凝固的作用，適合作為支架、但在烘烤時避免有熱氣泡產生，所以需低溫烘烤，而保存時也盡量避免在高溫或潮濕環境，會使作品因受熱、受潮而軟化、倒塌或發霉的現象產生。

糖漿

材料 Ingredients	百分比%	重量
砂糖	100	1500 g
水	75	1000 g

作法 METHOD
將砂糖與水煮沸（砂糖需煮溶化），待冷卻後，加入主麵糰使用。

特性
為糖漿麵糰的前置備所需材料、需將砂糖煮到溶解、待冷卻後使用。

糖漿白麵糰

材料 Ingredients	百分比%	重量
高筋麵粉	100	500 g
裸麥粉	100	500 g
糖漿	154	770 g
鹽	2	10 g

作法 METHOD
1. 將所有材料放入攪拌缸，以慢速 2 分鐘、中速 3 分鐘攪拌。【圖1~圖3】
2. 完成後麵糰，放入塑膠袋密封，放入冷藏冰箱 2~3 小時既可使用。【圖4】

特性
基本糖漿白麵糰，攪拌均勻後，包覆再放在冷藏冰箱，待退冰時使用。

CHAPTER · 4

糖漿巧克力麵糰

糖漿巧克力麵糰，是以糖漿麵糰作為基礎進行延伸的口味。因顏色較深，可以用來製作深色的部位，在麵糰特性上同樣因為糖結晶分散於整個麵糰中，作品在冷卻後可達到糖結晶的凝固作用，用來作為支架也是相當適合的。而在保存上建議以乾燥環境為主，更能加強作品的穩定性。

糖漿巧克力麵糰

材料 Ingredients	百分比%	重量	
高筋麵粉	100	440	g
裸麥粉	115	500	g
全麥粉	150	300	g
鹽	2.5	3	g
可可粉	15	60	g
蘇打粉	1.5	6	g
糖漿	200	880	g

作法 METHOD

1. 所有材料放入攪拌缸，以慢速 2 分鐘、中速 3 分鐘攪拌。【圖1～圖3】
2. 將完成後麵糰，放入塑膠袋密封，放入冷藏冰箱 2~3 小時即可使用。【圖4】

特性

基本糖漿白麵糰加入可可粉，增加巧克力顏色表現，加入蘇打粉提升顏色深度。

玫瑰麵糰

　　玫瑰麵糰,顧名思義用途在製作玫瑰花的麵糰,也可作各項花卉或稻穗,以作者對這項麵糰的瞭解,其麵糰經由乾燥或烘烤後,能達到硬、厚、實的穩定性,適合做旗、竹、架、台的底部基底,能以穩住長、高、寬的作品,克服傾倒的問題。

玫瑰麵糰

材料 Ingredients	百分比%	重量
高筋麵粉	80	800 g
裸麥粉	20	200 g
鹽	3	30 g
白油	10	100 g
水	40	400 g

作法 METHOD

1. 將所有材料放入攪拌缸,以慢速2分鐘、中速3分鐘攪拌完成。
   【圖1~圖3】
2. 主麵糰完成後,放入塑膠袋密封,基本發酵60分鐘。【圖4】

特性

製作花瓣與稻穗與基座使用,麵糰紮實硬厚,塑形穩定,經由乾燥後,不易變形。

發酵麵糰

在藝術麵包各項麵糰中，以發酵麵糰是屬在國內、外競賽時被列為指定需製作項目、主要是發酵麵糰，水分量多需經發酵，塑形難，烘烤後跟質地鬆軟，不易豎立，建議以鋪設與作品底部或分塊浮貼為最佳呈現方式。

發酵麵糰

材料 Ingredients	百分比%	重量	
高筋麵粉	100	400	g
裸麥粉	75	300	g
全麥粉	75	300	g
鹽	5	20	g
酵母	0.75~2	3~8	g
水	125	520	g

作法 METHOD

1. 將所有材料放入攪拌缸，以慢速 2 分鐘、中速 3 分鐘攪拌完成。
   【圖1~圖3】
2. 將完成麵糰放入塑膠袋密封，放入冰箱冷藏 2~3 小時即可使用。【圖4】

特性

添加酵母使麵糰產生發酵，烤培後外表膨脹力大，因水分多與經發酵過後，麵包體會鬆軟，不易塑形。

在來米麵糰

這是款較為創新的藝術麵糰，在配方內添加在了來米粉，跟一般只以麵粉為主的藝術麵包麵糰不同，其麵筋度較弱，塑形時穩定，延展性佳，麵糰體顏色淡乳黃色，非常適合壓薄或表面體披覆使用，例如：紙張、旗子、緞帶等，但不適合主架或大型人偶，因為經烘烤冷卻後，無法像糖漿麵糰那樣，具有微凝固性，而作品若受潮濕，其軟化程度會更快速。

在來米麵糰

材料 Ingredients	百分比%	重量	
高筋麵粉	80	800	g
在來米粉	20	200	g
鹽	3	30	g
白油	10	100	g
水	40	400	g

作法 METHOD

1. 將所有材料放入攪拌缸，以慢速2分鐘、中速3分鐘攪拌。【圖1~圖3】
2. 完成後麵糰，放入塑膠袋密封，放入冷藏冰箱2~3小時既可使用。【圖4】

特性

添在來米粉，降低麵筋性，方便延展成型，但冷卻後易軟化，不適合作為支架。

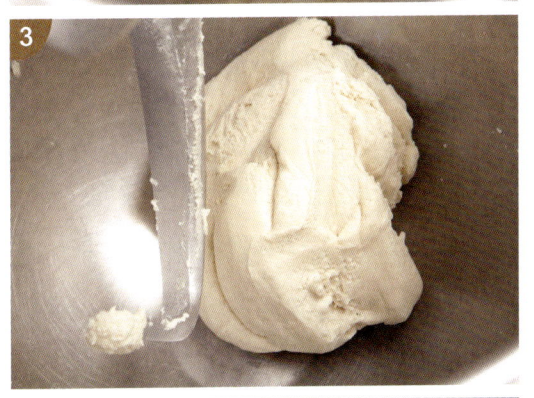

麵糰顏色形成與變化

隨著藝術麵包麵糰的改變,多樣化的形成,逐年都有新的麵糰出現,不管您使用那一種麵糰都需經烘烤,其烘烤過的焦烤表皮,是最佳的顏色表現方式,若要曾加更多的色彩表現,可在配方中添加有顏色的食材,來豐富其作品顏色表現,如抹茶粉、紅麴粉、咖哩粉、竹炭粉等,添加在配方中攪拌後,成所要的顏色表現,顏色深淺度的表現與使用量多寡成對比,也可以美術觀點,用多種色系來相互搭配成第三種色系,但要注意的重點,若添加乾性粉末類的材料,其配方含水量也需依適當比率增加,若添加的是濕性液體類食材,相對水分含量也需依適當比率減少,才不會影響麵糰內配方比率所衍生的特性與作用。

藝術麵包麵糰內添加食材產生顏色對比參考表

食材名稱	展現顏色	食材名稱	展現顏色
竹炭粉	黑、灰	地瓜	黃
墨魚汁	黑、灰	芒果汁	黃
黑芝麻粉	淺灰	綠茶粉	淺綠
可可粉	深咖啡色	抹茶粉	淺暗綠
咖啡粉	淺咖啡色	紫萵苣	紫
醬油	淺咖啡色	紫芋頭	淺紫色
蕃茄醬、糊	深紅、淺紅	菠菜糊	淡綠
紅麴粉	暗紅	玉米粉	乳白
紅龍果	淺紅	再來米粉	乳白
草莓粉	淺粉紅	白油	淺乳白
紅酒	淺紅	奶油	淺黃
咖哩粉	淡黃、暗黃	香橙粉	橙色
鬱金香粉	淡黃	黑豆	淺灰
南瓜糊	淡黃	調味藍莓汁	淡藍
紅蘿蔔汁	黃	白酒、米酒、香檳酒	無表現
蛋黃	黃	西瓜汁、洋梨汁、鳳梨汁、哈蜜瓜汁	無表現
蛋白	無表現	牛奶	無表現

作法 METHOD

1. 與配方內材料一起放入攪拌缸攪拌。
2. 使用液體類的材料時、配方內用水量需相對減少。
3. 使用粉末類的材料時、配方內用水量需相對增加。

藝術麵包的製作技巧

第一節 基本壓麵技巧

　　基本壓麵技巧，是製作藝術麵包時，麵糰使用前最基本也是最重要的技術之一，壓麵的技巧會影響作品的細膩表現，而對壓麵技巧主要的方式有兩種，第一種是多次重疊性壓麵，第二種為單次延展性壓麵，單次性延展壓麵主要目的是使麵糰能逐次延展開，並達到所要的尺寸與厚薄度，而多次重疊性壓麵主要目的是使麵糰內部紮實，表面光滑。

　　以目前在業界所使用的壓麵器具，以壓麵滾輪機或壓麵丹麥機為最多數，能直接又快速達到所有的效果，當然也可以手工使用桿麵棍來壓麵展延，但比較耗時耗力些，除非所使用的麵糰不多，才能合乎效率需求。

　　在操作壓麵機時，務必由熟悉機器之專業人員在場，並需注意安全開關的使用方式，避免操作時不慎，將手誤入機器轉肘內，造成操作不當的人為傷害發生。

一. 多次重疊性壓麵作法

1. 將攪拌好麵糰，取出所要的量，放置於壓麵機上，並先用雙手將其麵糰壓扁薄。（作用：順利經過上下滾輪肘間距離，來回重複壓延）【圖1】

2. 將壓麵機操作桿拉到較高刻度數，依序來回重複壓延時逐漸調低刻度數。【圖2～圖3】（作用：刻度越高，其麵糰所延壓出的厚度就越厚，刻度越低，其麵糰所延壓出厚度則越薄）

3. 當壓延至壓麵機約機台一邊的長度時，則將麵糰以三等份之方式對摺重疊。【圖4】

4. 將摺疊好麵糰，轉換為長形麵筋延伸方向，把使刻度再調高，再繼續把麵糰壓麵展延開，重複壓延摺疊。【圖5～圖6】

5. 就以上壓麵、對摺重疊方式，陸續重複約6～8次，使其達到所要的表面光滑現象。【圖7】

6. 將完成後麵糰，放入塑膠袋或保鮮膜密封靜置鬆弛約十分鐘，就可依次切割使用。【圖8】

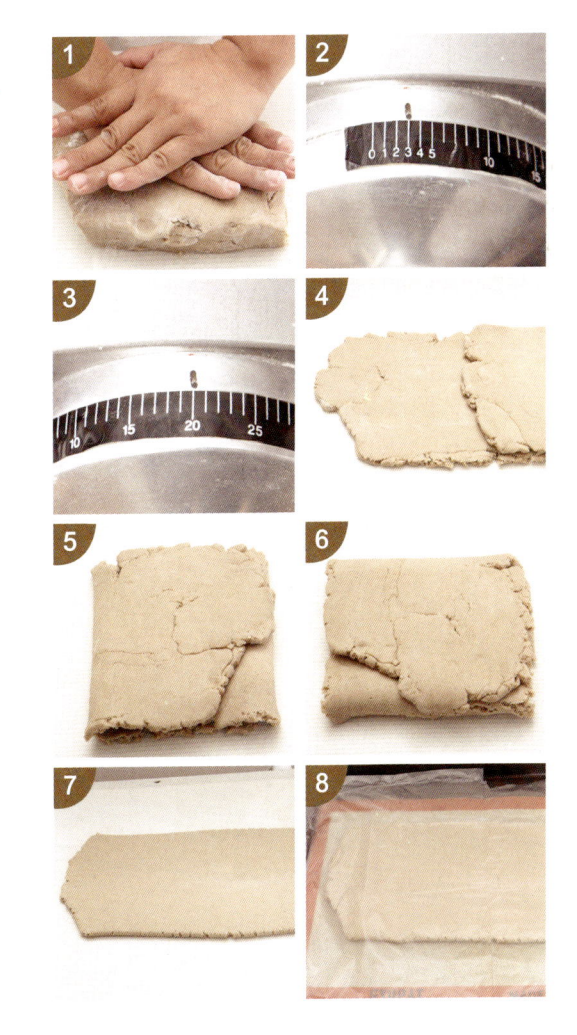

二. 單次延展性壓麵作法

1. 將攪拌好麵糰或已經過多次重疊性壓麵的麵糰，取出所要的量，放置於壓麵機上，並先用雙手將其麵糰壓扁薄。(作用：順利經過上下滾輪肘間距離，來回重複壓延)
2. 將壓麵機操作桿拉到較高刻度數，依序來回回重複壓延時逐漸調低刻度數。
(刻度越高，其麵糰所延壓出厚度會越厚，刻度越低，其麵糰所延壓出厚度則越薄)
3. 以一次壓麵的方式，壓延達到所要的麵糰厚度與長、寬度為壓延目標。
4. 再以橄麵棍將麵糰捲起，放在工作台或烤盤，塑膠袋或以保鮮膜密封靜置約 30 分鐘就可切割，也可以放冰箱冷藏備用。

第二節 鬆弛與乾燥

一. 鬆弛

藝術麵包製作時，鬆弛是要注意的重點之一，麵粉與水經攪拌會產生筋度，麵糰重覆壓麵時，筋度的重疊性又提高，但若經陸續展延與對折，其筋度更為緊密，如同拉開的像皮筋般，若再施力拉扯，就會出現斷筋與即速收縮等現象，並直接造成作品嚴重破裂與裁切的尺吋不符合，影響作品組合，所以每當經過攪拌或壓延的麵糰，一定要給與足夠的鬆馳時間來緩和緊密的筋度。

二. 乾燥

『乾燥』主要是將麵包表皮與內部水分蒸發或抽離，而在藝術麵包製作時，其所發揮的功能是烘乾定形的穩定作用，由其在作品烘烤時，若未經過乾燥處理過，麵糰烘烤時會不規則膨脹，造成形狀顏重變型，或導致內部組織鬆軟無法紮實，若在動態競賽時，因時間不足，無法乾燥，可以以低溫悶烤方式達成相同效果。

第三節 烘烤著色方式

烘烤著色的方式，與一般麵包大致相同，所烤出的顏色深淺與烤箱的溫度高低及受熱的時間長短有關，而為了增加其作品烘烤完後亮度，會在麵包進烤箱時，搽拭蛋液、奶水、牛奶或糖液等來表現。也有專業的烘焙師父，使用較不同的作法，先將麵包微烤熟，待冷卻、乾燥後在作品表面，塗抹咖啡液或焦糖液，再進烤箱低溫烤乾，若需加深麵包焦黃色的表現，則可重覆搽拭烘烤，這種烘烤技巧，在歐美出現過，可以增加外觀視覺度，也可減少等待烘烤著色時間，但若咖啡液或焦糖液，搽拭不均勻或使用量太多時，會使顏色分部不均更快受潮。

第四節 基本塑形

　　基本塑形，主要表現的是一種整形麵包的作法，而其動作就如同一般麵包的整形模式，搭配捏塑與實體相似的組合技巧來完成，是初學者首要學習，不可忽視的重大課題之一。在塑形時需注意麵糰筋度的延展性及給予充份的鬆弛，成型後也需給予乾燥的時間，才能烘烤定型。

一.圓田形作法

作法 METHOD

1. 先將奶油麵糰壓延光亮，取出一塊麵糰，擠壓、戳揉成圓形靜置鬆弛五分鐘。
2. 在表面以竹筷子橫直壓出形狀成圓田型。【圖1～圖3】

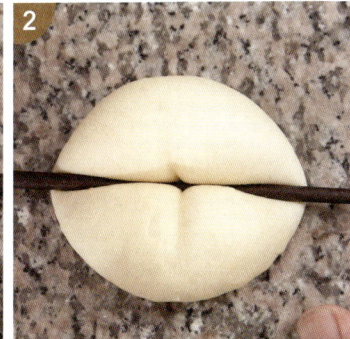

使用工具：烤盤、竹筷子

二.木魚作法

作法 METHOD

※ 以基本橢圓形做為變化，使用刀片切割，作出如木魚狀的造型。

1. 先將奶油麵糰壓延光亮，取出一塊麵糰，搓揉成橢圓形靜置鬆弛五分鐘。
2. 使用刀片，橫割三刀，即完成作品。【圖1～圖2】

使用工具：烤盤、刀片

三. 桃形作法

作法 METHOD

※ 以基本圓形做為變化,以立體捏塑桃子形狀,使用剪刀,作出如桃子般的造型。

1. 先將奶油麵糰壓延光亮,取出一塊麵糰,搓揉成圓尖形靜置鬆弛五分鐘。【圖1】
2. 使用切麵刀,直立切出線條。【圖2】
3. 使用剪刀剪出兩側邊葉,即完成作品。【圖3】

使用工具:烤盤、剪刀

四. 方形作法

作法 METHOD

※ 基本四方造型切割,被廣泛使用在丹麥麵包製作上使用,也可在藝術麵包上作出小配件的裝飾效果。

1. 先將奶油麵糰壓延光亮,取出一塊麵糰,搓揉成橢圓形靜置鬆弛五分鐘。
2. 在麵糰用橄麵棍壓延成長方形。
3. 再切成四方形等距、鬆弛20分。【圖1】
4. 再切要整形的刀法與對折的方式。【圖2】

使用工具:壓麵機、烤盤、尺、牛刀

五 . 方形作法：風車

作法　METHOD

※ 以四方形麵糰，分別在四邊角切刀，做出風車造型模樣。

1. 先將四方形麵糰，對角切四。【圖1】
2. 再由下往上順序對折。【圖2】
3. 四邊角向內側折完，即完成作品。【圖3】

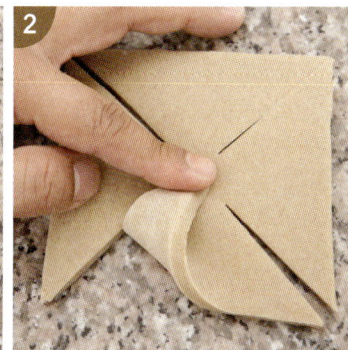

使用工具：壓麵機、烤盤、尺、牛刀

六 . 方形作法：糖果領結包

作法　METHOD

※ 以四方形麵糰，分別在兩邊處切出，再經組合後，做出糖果領結包造型。

1. 先將四方形麵糰對角重疊對折。【圖1】
2. 對切兩刀，打開對折麵糰。【圖2】
3. 將切好兩邊條，往對角折貼。【圖3】
4. 兩對角折貼後，即完成作品。【圖4】

使用工具：壓麵機、烤盤、尺、牛刀

七. 方形作法：扇形

作法 METHOD

※ 以四方形麵糰對折後，再切五刀，做出如扇子般造型。

1. 先將四方形麵糰橫向重疊對折，由中間 1/2 處開始切。【圖1～圖2】
2. 共分切為五刀，再微彎折開，即完成作品。【圖3～圖4】

使用工具：壓麵機、烤盤、尺、牛刀

八. 方形作法：四片花口

作法 METHOD

※ 以四方形麵糰，相互對折後切出四刀，做出如四片花口造型，此類造型為創意形，業界少見。

1. 四方形麵糰先將麵糰對角重疊對折。【圖1】
2. 由左下方 2/3 處切一刀。【圖2】
3. 在對角處再切一刀。【圖3】
4. 攤開為平面再由對角處切。【圖4】
5. 再攤開後由上先往下折至中心。【圖5】
6. 再由上往中間對折，再由左對折至中間。【圖6】
7. 再右對折至中間，即完成作品。【圖7】

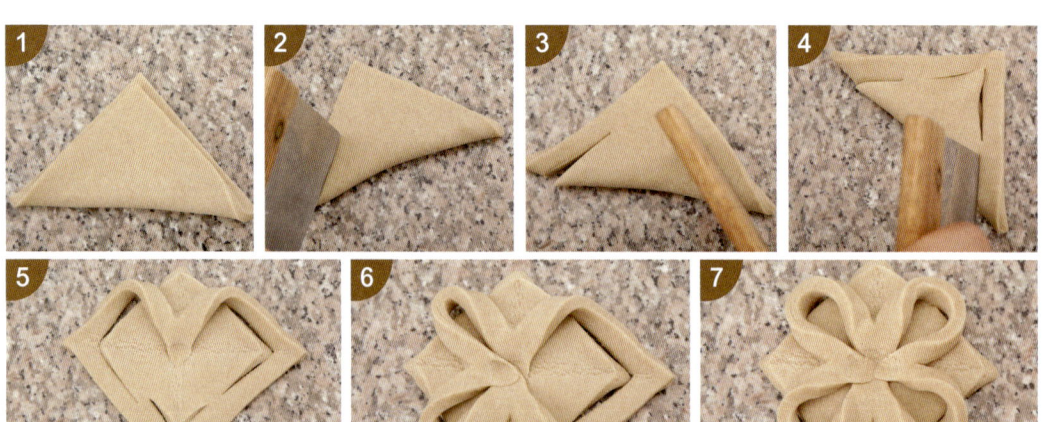

使用工具：壓麵機、烤盤、尺、牛刀

九. 心形作法

作法 METHOD

※ 以先準備好的紙張工具輔助，以基本搓圓圍繞邊條，作出心形版面。

1. 使用厚紙板剪貼成心型形狀墊底，中間放置戳揉成圓形的麵糰，外圍使用一條巧克力圓柱麵糰圍繞，使用心型夾子，夾在外圍巧克力圓柱麵糰。【圖1】
2. 排列成心形模樣，即完成作品。【圖2】

使用工具：矽膠墊、烤盤、切麵刀、毛刷

十. 玫瑰花作法

作法 METHOD

※ 要以麵包作一朵很漂亮的玫瑰花，需要很用心，細心的關注力，交叉層次與柔美感覺都要表現出來，才能討人喜愛。

1. 先將糖漿麵糰壓延光亮，取出一塊麵糰，將麵糰分為兩部份。
2. 一部份捏成尖圓型底座。【圖1】
3. 一部份壓薄約 0.1cm，再用花嘴底部圓型模孔，壓出十個圓型，再用塑膠袋敷蓋密封、靜置鬆弛 10 分鐘，防止水分散發，表皮乾裂乾。
4. 先取出兩片圓片，包覆尖圓型底座成花心。【圖2】
5. 再逐一將各片沿圓邊貼黏就完成，可適當將花邊修飾。
   【圖3~圖5】
6. 黏接約 10 片花瓣，即完成作品，若要造型會更生動。【圖6】
   建議：
   拿朵真玫瑰花來做揣摩對象。

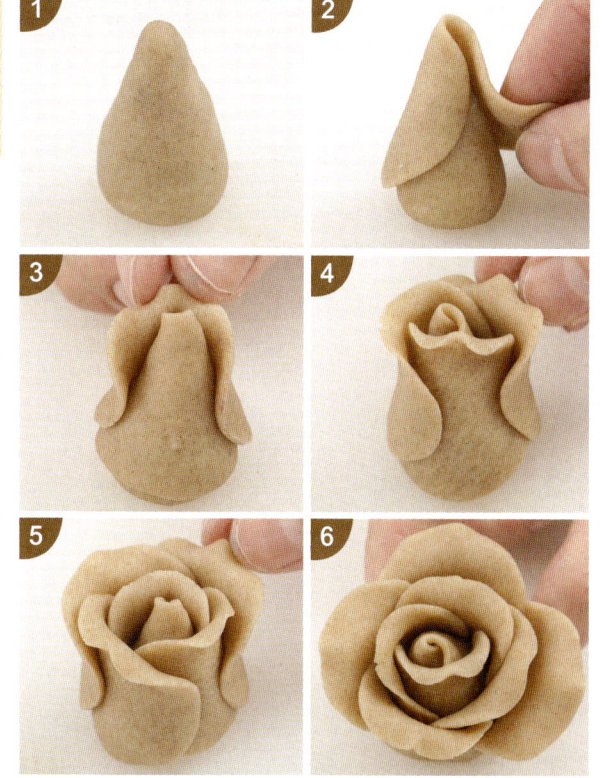

使用工具：矽膠墊、烤盤、切麵刀、毛刷、剪刀、圓型花嘴、塑膠袋、橄麵棍

CHAPTER 4

十一 . 法國長條作法

作法 METHOD

※ 將原物實質仿造，逼真縮小，維妙維肖，這也是種工藝作法表現的方式。

1. 先將奶油麵糰壓延光亮，取出一塊麵糰，壓延成長方形。【圖1】
2. 於長方形麵糰上方處捲起成長條狀約五圈。【圖2】
3. 將接縫處密合，接縫處朝底部。【圖3】
4. 向兩邊搓揉拉長成為長條形。【圖4～圖5】
5. 使用小刀割五斜刀。【圖6】
6. 於五斜刀處再割開一次。【圖7】
7. 用手微撥開切開處側邊，修飾成形。【圖8】

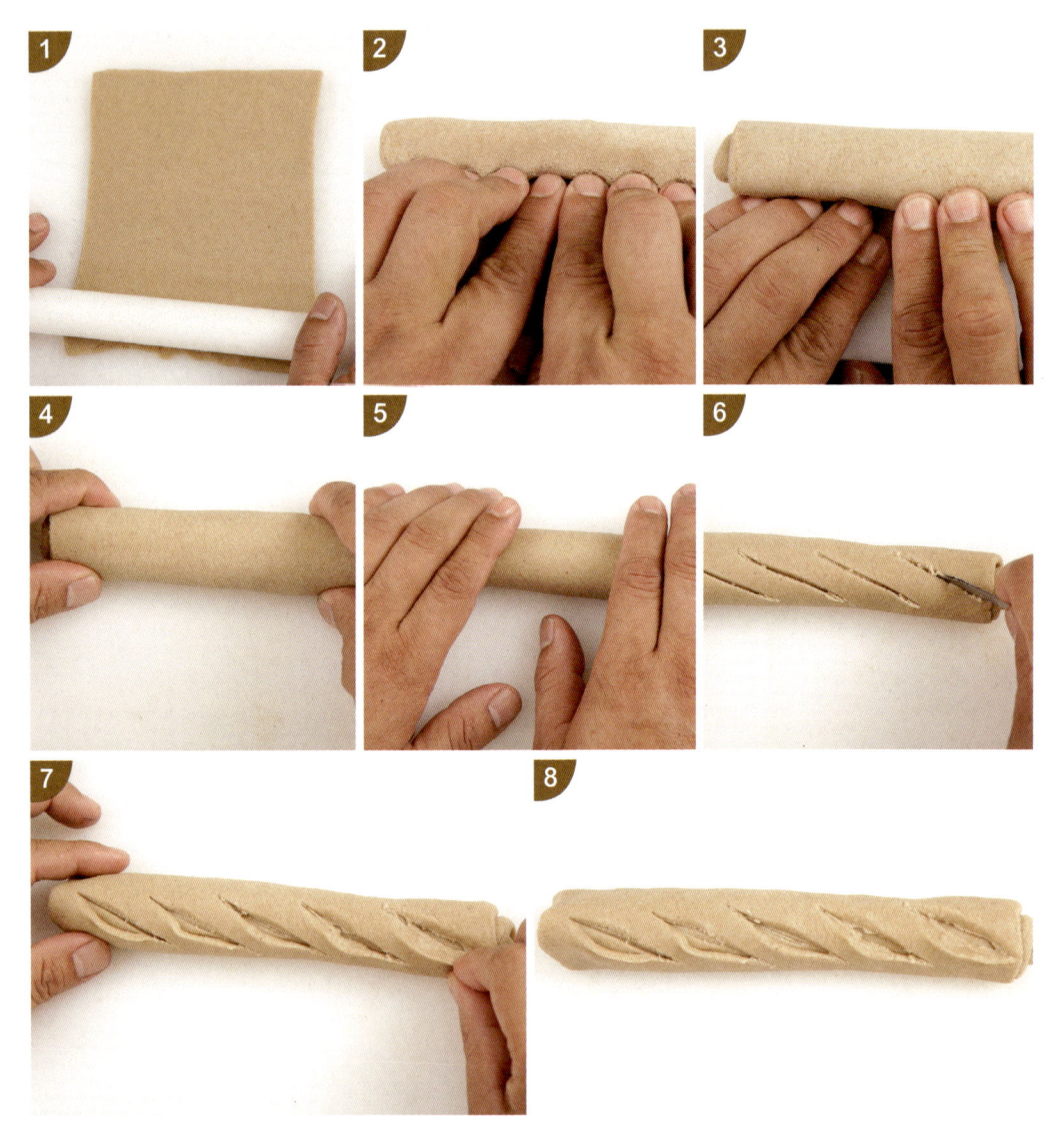

使用工具：烤盤、切麵刀、粉刷、刮鬍刀片、擀麵棍

十二. 稻穗作法

作法 METHOD

※ 以手工搓揉捏塑的方式，做出如稻穗般的基本造型，經由剪刀與小刀工具做出稻穗形狀與葉片，此種作法流傳已久。

1. 糖漿麵糰壓延光亮並展開成長條狀，捲起搓揉成長粗條狀一邊圓粗形一邊細條形。【圖1～圖2】
2. 麵糰圓粗形部位搓揉尖圓。【圖3】
3. 使用彎曲小剪刀先剪右邊，再轉邊剪左邊（對邊），最後剪中間，完成三邊稻穗。【圖4～圖6】
4. 將兩個小的麵糰壓延，切割成尖橢圓形。【圖7】
5. 在兩片橢圓形表面，使用切麵刀輕輕畫上數條橫線。【圖8】
6. 將兩片葉片由下方包覆，將上方撥開即完成作品。【圖9】

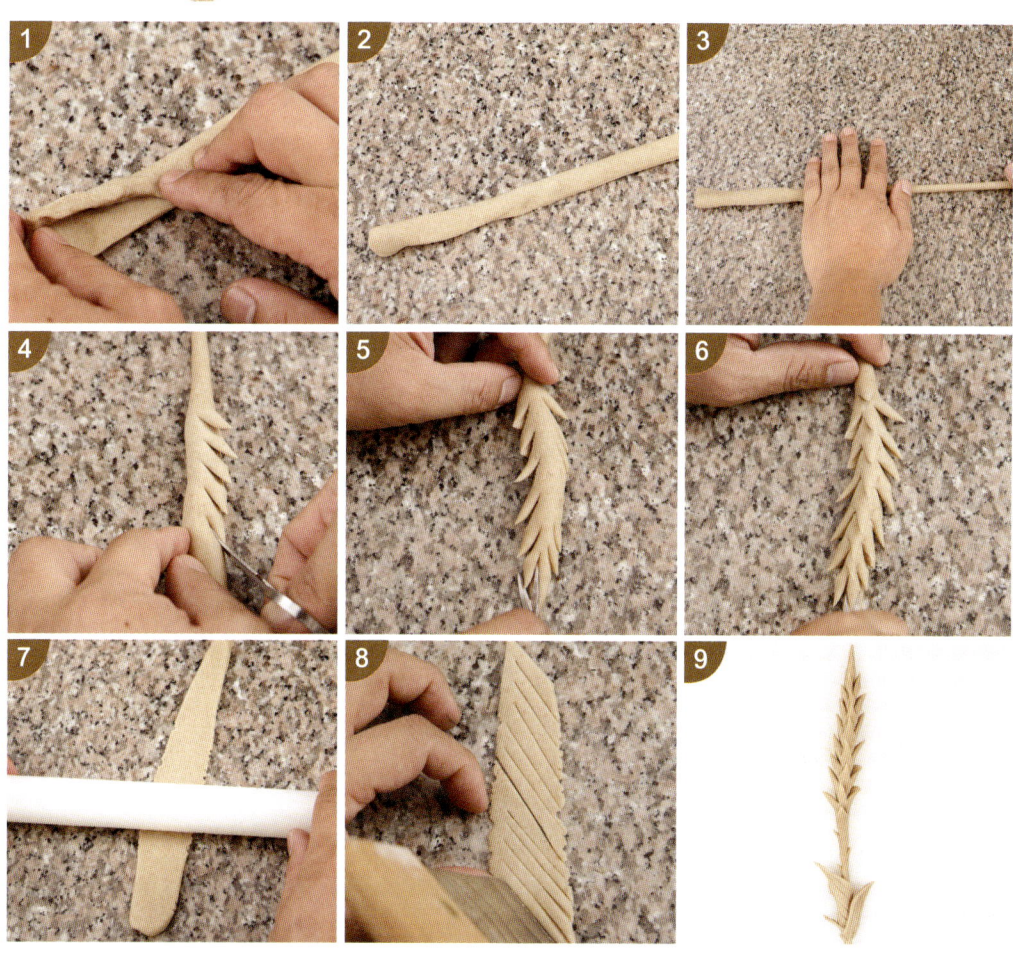

使用工具：烤盤、切麵刀、小彎曲剪刀

第五節 進階塑形

『編織』是最傳統的一種手工藝技巧，不管您使用的是方片條或圓柱條都能呈現出工整又規律的美感。而在藝術麵包領域裡，進階的技巧除了編織外，絹印和球形、紋路等技巧都是相當重要的。最古老的藝術麵包作品，一條長麵糰就能做出很多樣式，例如：以愛心、手豎琴與星型樣式來呈現；而辮子麵包的麵筋性需更有伸展度，所以配方中會添加沙拉油，但在製作時更需花點時間鬆弛，才不會在操作時因筋度太高產生斷裂。

一. 顏色對比交叉編織作法

作法 METHOD

※ 以方片條方式作編織，如同早期藤籃編織模式，編織好整片麵糰再進行套模、裁切使用。

1. 先將兩種不同顏色的糖漿麵糰壓延光亮，再壓延成片，靜置鬆弛十分鐘。【圖1~圖2】
2. 各自切割成平均方條狀，依所需條數與不同顏色對比交叉編織。【圖3~圖8】
3. 編織完再調整所要形態，以上火 130℃ / 下火 130℃ 烘烤 45 分著色，即完成作品。【圖9】

使用工具：矽膠墊、烤盤、切麵刀、毛刷、橄麵棍

二.方片條編織作法

作法 METHOD

※ 以方片條方式作編織,如同早期藤籃編織模式,編織好整片麵糰再進行套模、裁切使用。

1. 先將兩種不同顏色的糖漿麵糰壓延光亮,再壓延成片,靜置鬆弛十分鐘。
2. 平均切割成方條狀,依所需條數與不同顏色對比交叉編織。【圖1~圖3】
3. 編織完再調整所要形態,以上火 150℃/下火 150℃ 烘烤約 45 分鐘著色,即完成作品。【圖4】

使用工具:矽膠墊、烤盤、切麵刀、毛刷、橄麵棍

三.愛心編織作法

作法 METHOD

※ 以條編織與片編織做為主題搭配,作出新形框架,若再搭配玫瑰花,會是最佳表白方式。
※ 可使用圓條編織、方條編織或顏色交叉編織方式來完成,做法可以將編織好的麵糰披覆在模具後再修編裁切,也可以隨著器具形狀,隨弧度編織成型。

1. 兩條不同顏色麵糰壓延光亮,搓為長條,交叉編織。【圖1】
2. 依顏色交叉編織作法,不同顏色對比交叉編織一出整片 2X2 方條長條麵糰,將準備好的心型紙張平方上面進行裁切。【圖2】
3. 將編織好的長條麵糰,順裁切好的心形外框圍繞,即完成作品。【圖3】

使用工具:紙,矽膠墊、烤盤、切麵刀、毛刷、橄麵棍

四．手豎琴編織作法

作法 METHOD

※ 歐洲最傳統的藝術麵包表現，可以有加酵母及無加酵母的麵糰來完成，是最具有音樂曲風的表現。

1. 將奶油麵糰壓延光亮，分割滾圓成 100g 五個，50g 六個。
2. 100g 之麵糰先把搓揉成長條狀，以五辮子方式 (2-3,5-2,1-3) 編織成形，再捲曲成手豎琴狀。【圖 1】
3. 50g 之麵糰分別戳揉成細條，交叉重疊放置，放入手豎琴中間，作為琴弦。【圖 2～圖 4】
4. 擦拭蛋液靜置十分後就可烘烤完成，以上火 150℃／下火 130℃ 烘烤 40 分著色，即完成作品。【圖 5】

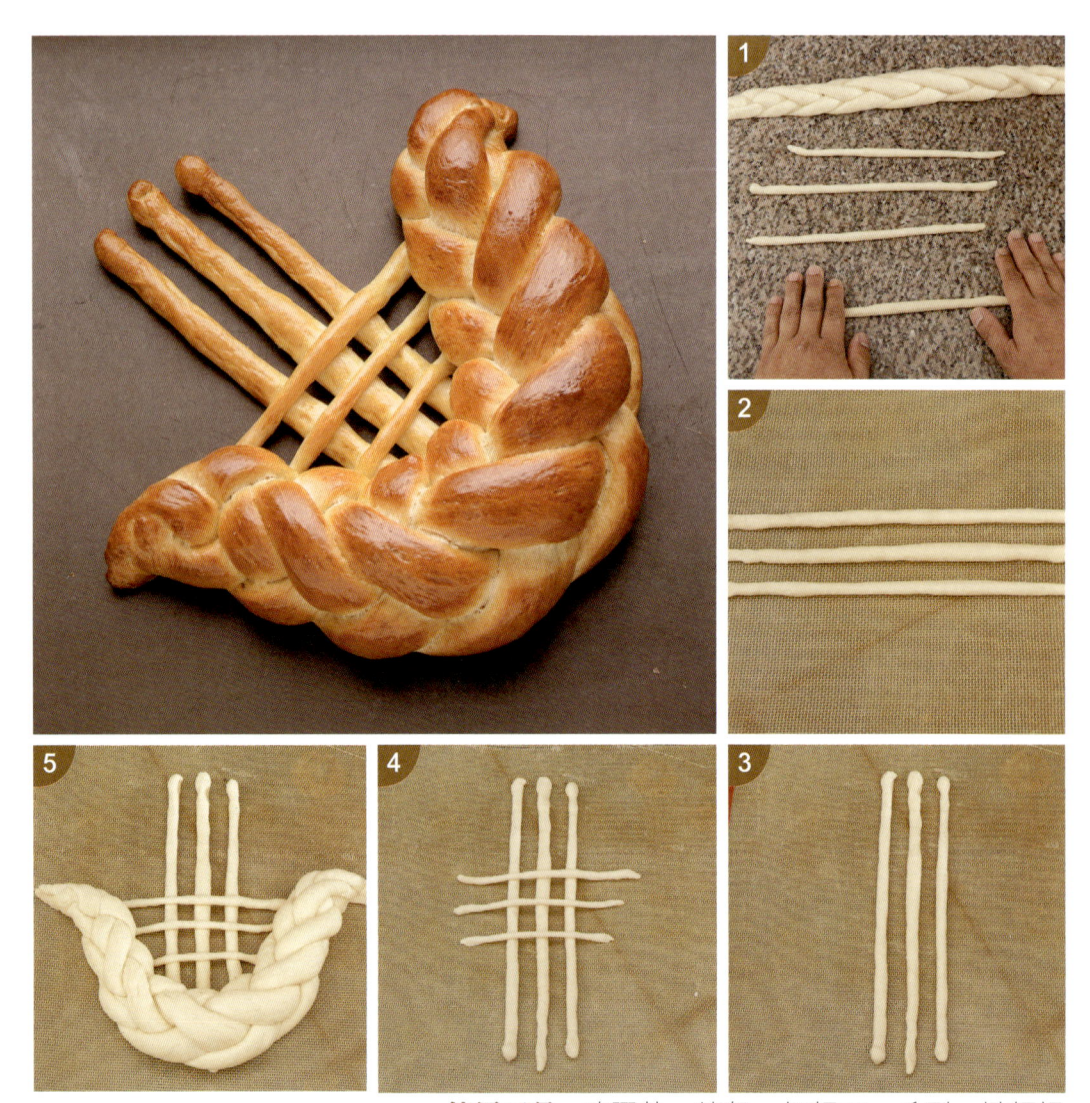

使用工具：矽膠墊、烤盤、切麵刀、毛刷、橄麵棍

五．三色緞帶作法

作法 METHOD

※ 緞帶是種能表現出不同顏色組合的模式，能將多種顏色一致性表現的亮眼技巧、適合套用在穿著或旗子、禮盒等製作時運用。

1. 先將紅（番茄）、黃（咖哩）、綠（抹茶）等三種麵糰壓延光亮。【圖1～圖4】
2. 將綠、黃、紅色麵糰搓揉成長方條狀，再把三種麵糰一起組合。【圖5】
3. 使用壓麵機，將三色橫向壓延至所需要薄度約 2~2.5cm。【圖6】
4. 裁切所要尺寸，再依序套入模具（需包鋁箔紙塗白油）。【圖7～圖11】
5. 以爐溫上火 150℃ / 下火 140℃ 烘烤 25 分，著色後再將捲好錫箔紙取出，即完成作品。【圖12】

使用工具：矽膠墊、烤盤、白油、鋁泊紙、雞蛋框、桿麵棍

六. 球型組合技巧

作法 METHOD

※ 『球』是圓的象徵,是每項工藝技術製作,都會出現的基本技巧,如何在作好時組合的很完美才是重點。

1. 先準備兩個中半圓模具與一個中圓型花嘴,並在外表披覆鋁薄紙,擦拭白油備用。
2. 拿出要作的圓型先糖漿麵糰壓延光亮,並展延開至要的厚度約 2mm 麵皮。
3. 將展延開的麵皮,披覆在半圓模具上,再用手推齊,用切麵輪刀,切掉四周多餘部分。
4. 靜置乾燥二小時,待表皮鬆弛乾硬。表皮鬆弛乾硬後,使用中圓口花嘴,由中心點壓出孔洞。【圖1】
5. 依續將兩個中半圓麵糰,以等距離戳孔洞。【圖2】
6. 以爐溫上火 130℃／下火 130℃ 烘烤 25 分,脫模邊緣修齊,在兩個邊緣接縫處,擠上一條裸麥熟麵糊,將其兩個半圓組合成一個球狀。【圖3~圖4】
7. 將圓型花嘴所壓出一些小圓片,依續重疊黏貼在兩個邊緣接縫處。【圖5】
8. 以爐溫上火 130℃／下火 130℃ 烘烤 20 分,即完成作品。【圖6】

使用工具:中半圓模具、切麵輪刀、矽膠墊、烤盤、中圓口花嘴、擀麵棍

七. 披覆技巧

作法 METHOD

※ 早期在歐美藝術麵包的製作,很少會使用這技巧,到現在這門技術常出現於動態與靜態作品中,其實只要熟練麵筋性並充份抓緊鬆弛時間,這門技巧是最容易表現一體成形的方法,也可以用來修飾缺陷與改變造型。

1. 將糖漿白麵糰壓延光亮。【圖1】
2. 準備一個紙板面具,將壓延光亮敷蓋在上面,再依麵糰造型所需部位(如眉毛、鼻子、嘴巴等)、壓蓋密合【圖2~圖3】
3. 使用滾輪刀將四周多餘麵糰切齊。【圖4】
4. 使用美工刀將眼睛部位切開鏤空,即完成作品。【圖5】

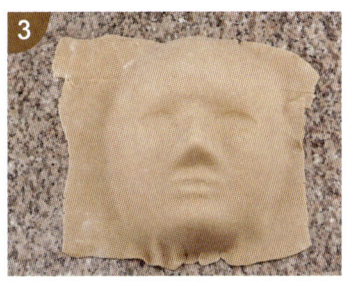

使用工具:小刀、矽膠墊、烤盤、毛刷、橄麵棍、紙板面具

八. 書寫技巧

使用工具：電磁爐、矽膠墊、烤盤、切麵刀、三角紙、粉篩網

書寫巧克力麵糊配方

材料 Ingredients	百分比%	重量
低筋麵粉（過粉篩兩次）	100	100 g
砂糖	5	5 g
可可粉	30	30 g
純咖啡粉	5	5 g
沸水	130	130 g

作法 METHOD

※ 書寫字體，是一種美感與藝術的表現方式，尤其是英文或漢字書寫體，再藝術麵包工藝技術裡，書寫方式不是手拿支毛筆，而是將麵糊填裝在三角紙內，再擠出字體，需要一點慣用經驗，寫完再經烤爐低溫烘乾，一般會把它使用在對麵包商品名稱或作品主題名稱來使用。

1. 準備好所有材料，低筋粉與可可粉過粉篩一次。
2. 咖啡粉、砂糖與沸水一起攪拌均勻溶化。
3. 把所有材料一起混合攪拌，再到鍋子微煮凝綢成糊狀，再過篩一次。
4. 取出一張三角紙捲好，填入麵糊，再擠出要的文字。
5. 再進烤爐以上火 130℃ / 下火 130℃ 約 10 分鐘微乾，即完成作品。

九. 紋路技巧

作法 METHOD

※ 紋路技巧是所有技巧中最自然的表現模式，要多注意製作的方式，若方式有錯，起來的外觀美感會有很大的差異，所產生自然紋路與龜裂程度也會不同。

※ 淺紋的表現方式，是以基本的蛋黃彩繪，以著色深淺度來表現出技巧。

1. 將糖漿白麵糰壓延光亮，再壓延到所要的厚度。
2. 再塗上一層蛋黃液，再用叉子或毛刷在表面上順滑。【圖1~圖4】
3. 靜置10分鐘後，再入烤箱烘烤，以爐溫上火150℃ / 下火130℃ 烘烤25分，即完成作品。

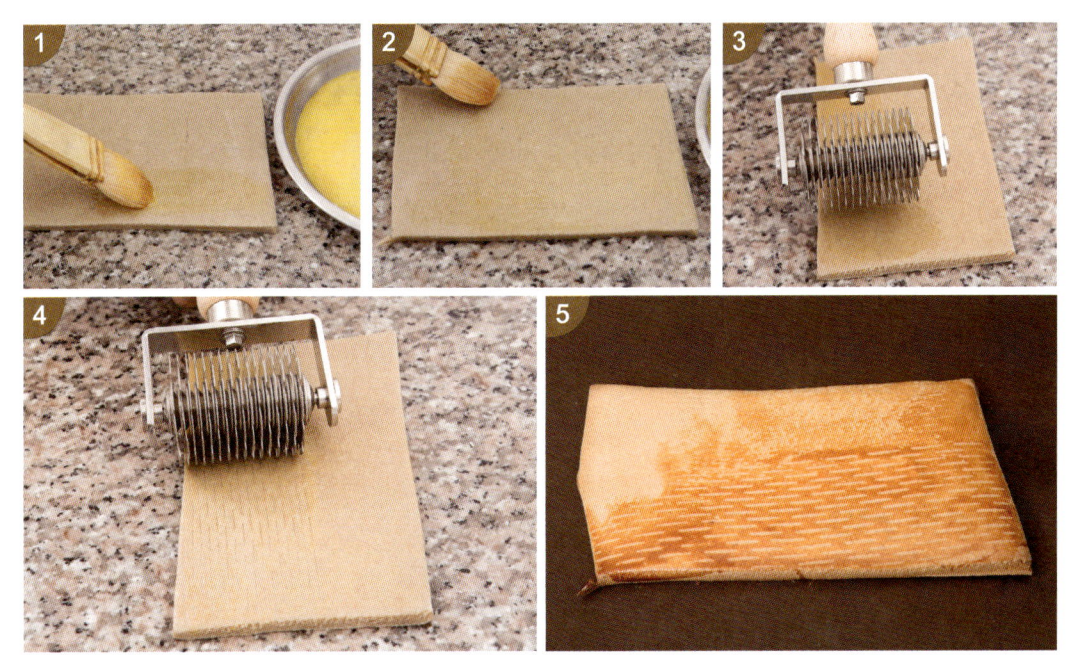

使用工具：切麵滾輪刀、矽膠墊、烤盤、毛刷、橄麵棍

十. 獸紋技巧

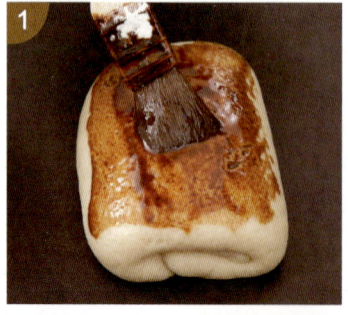

作法 METHOD

※ 獸紋路是較新的技巧，以咖啡做表皮塗料，代乾燥後經由壓麵機壓延出龜列紋路。

1. 將再來米麵糰壓延光亮，再壓延成一個四方長厚型。【圖1】
2. 即溶咖啡熱溶後塗抹在麵糰表面上，進烤箱上火130℃／下火100℃烘烤約五分鐘。【圖2～圖3】
3. 再離開烤箱取出靜置10分鐘，等熱度微散發。【圖4】
4. 再由壓麵機（丹麥機）順方向，來回壓延出所要的厚度與紋路。【圖5～圖6】
5. 進烤箱上火130℃／下火100℃烘烤約三分鐘，即完成作品。【圖7】

使用工具：切麵滾輪刀、矽膠墊、烤盤、毛刷、橄麵棍

十一. 樹紋技巧

作法 METHOD

※ 樹紋的表現方式，是藉由巧克力麵糰與麵粉的對比色差，加上製作捲起時產生的自然龜裂技巧，常使用於樹木的製作。

1. 將糖漿黑麵糰壓延光亮至所要的厚度與寬度。【圖1】
2. 麵糰上面噴少許水，表面灑層薄薄麵粉。進烤箱上火150℃/下火100℃烘烤5分鐘。【圖2】
3. 烘烤完倒在矽膠墊上，再橫向由下往上捲起。【圖3~圖5】
4. 再使用剪刀剪出樹幹支架，以上火150℃/下火100℃，烘烤30分鐘，即完成作品。【圖6~圖7】

使用工具：切麵滾輪刀、矽膠墊、烤盤、毛刷、粉篩網、擀麵棍

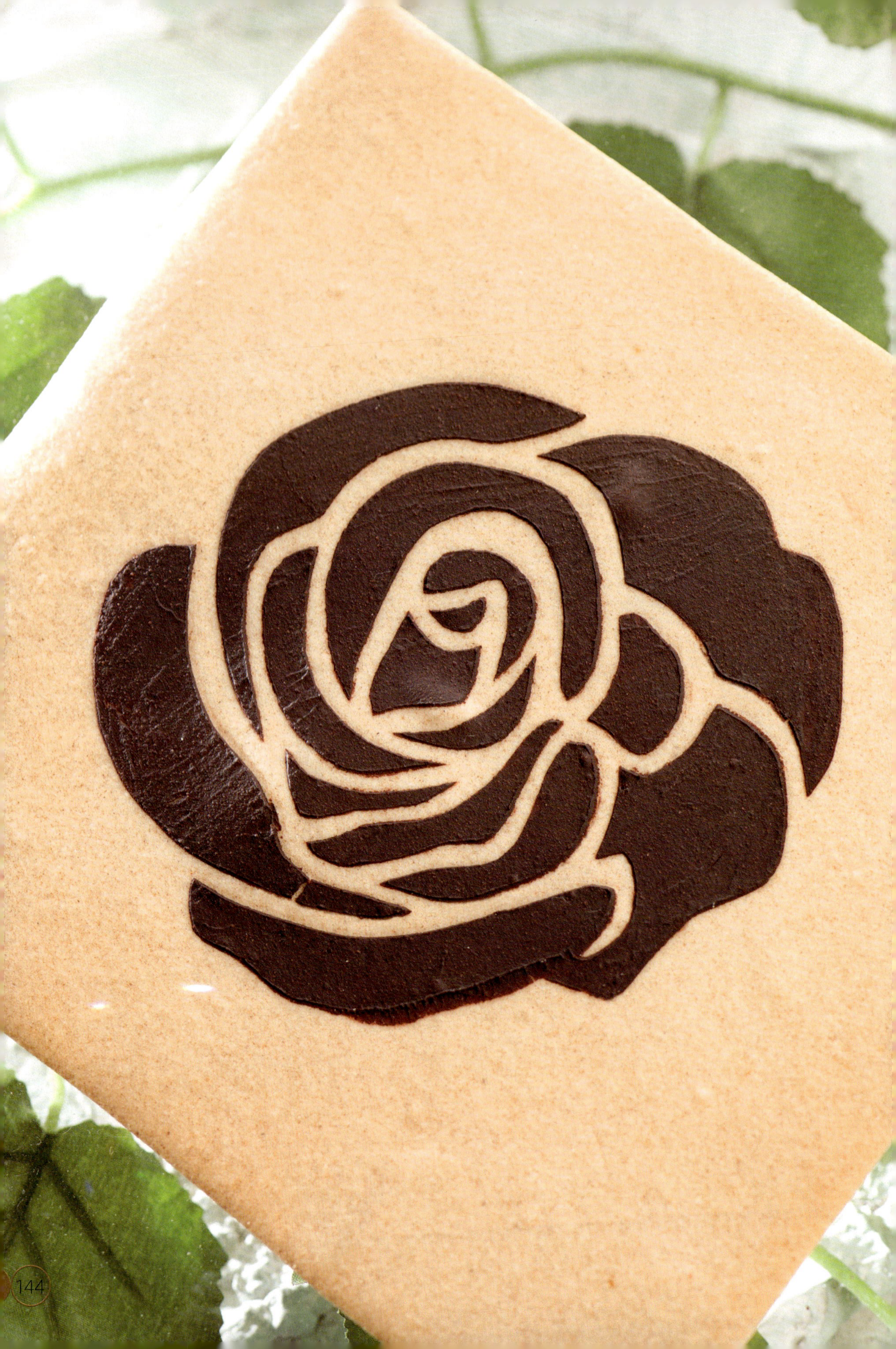

第六節 絹印技巧

　　能直接繪圖，並能仔細的複製並表達形態，讓觀賞者馬上得知『主題訴求』的絹印的技巧，是種把美工製畫運用最徹底的一門工藝技術，其就如同我們所穿著的衣服上面的圖樣，顯著易懂，而這門技術早以流傳於拉糖、巧克力、麵包及小型工藝製作時被廣泛使用，是初學者要認真去懂的一門學習課題。

一. 紙墊板絹印作法

作法　METHOD

※　以雕刻好的紙板，藉由簍空處絹印，作出最經濟實惠的表現。

1. 先將糖漿麵糰壓延光亮，並展延開，再敷蓋保鮮膜或塑膠袋，鬆弛 25 分鐘。
2. 準備絹印配方的材料，充份攪拌均勻。
3. 將鬆弛好麵糰，用切麵輪刀裁切好尺吋。
4. 準備已切割好圖樣的紙墊板，將紙墊板敷蓋在麵糰上。【圖1】
5. 一手拿著紙板，一手捐板刷塗抹絹印材料，由右上往下刷抹。【圖2】
刷抹完後由下往上把紙墊板板慢慢與麵糰拉開。【圖3】
6. 若未印到塗料的麵糰，可適當拿小毛筆沾塗料。
7. 待塗料微乾後烘烤，以爐溫上火 150℃ / 下火 140℃，烘烤 25 分即完成作品。【圖4】

使用工具：紙墊板，切麵輪刀，矽膠墊，烤盤，小毛筆

烘烤溫度、時間與黏著

第一節 烘烤溫度

一. 低溫烘烤

藝術麵包隨著麵糰屬性不同，所烘烤的溫度也會不同，但多數以低溫 110℃～150℃範圍內，長時間烘烤為最佳方式，為了使其水分充份蒸發，以保持乾硬實體，增加其展示作用，延長保存時間。

二. 高溫烘烤

高溫 180℃～200℃烘烤的後的藝術麵包著色時間快，但容易使麵糰表面起氣泡，烤後其內部水分未能有效蒸發，若經長時間烘烤，外觀著色速度快，易焦黑，作品經受潮後會很快軟化，直接影響作品陳列時穩定程度，導致作品不易組裝，會有倒塌的現象。

三. 高溫後低溫延續烘烤

以高溫 180℃～200℃在短時間烘烤著色後，再以低溫烘烤 50℃～110℃，使麵包表皮著色呈現更鮮明，但以高溫烘烤時需注意著色度與受熱時氣泡產生，避免作品焦黑或變形。

四. 低溫烘烤半熟麵糰

大多數以低溫 150℃～150℃烘烤約 10 分鐘半熟後再整形，減輕麵糰麵筋度與彈性，可達到方便塑型的效果，但要注意烘烤的熟度，不宜烘烤太熟或沒熟，而整型時麵糰內部散熱溫度也須拿捏得當。

第二節 烘烤時間

藝術麵包烘烤時間，需以作品體積大小、麵糰種類與烘烤溫度為判斷因素，若以低溫烘烤，大約需 2~3 小時，建議使用烤箱關閉後，餘溫長時間悶烤，為經濟實惠且能達到最佳效果的方式來完成。若經受潮後的作品，可藉由烤箱以低溫 110℃ 長時間再烘烤，其受潮水份蒸發後，就會再恢復原來硬實狀態。

第三節 黏著組合

製作藝術麵包在黏著組合時，區分為生麵糰與熟麵包體兩部份，生麵糰切割或披覆時，會以全蛋液擦拭其中一個麵糰作黏著體，再把第二個麵糰體覆蓋黏上，經由乾燥或烘烤冷卻後就可黏著。第二部份為熟麵包體，是將所有主體配件烤熟成麵包體，經由冷卻後再黏著組合，這種熟化黏著組合方式是藝術麵包工藝技術需克服難度之一。早期會以溶解的調溫巧克力或砂糖趁未冷卻時黏著組合。但其缺點，會因組合或展示現場的室溫所影響，當室溫或溼氣太高時，破壞巧克力與糖的凝固力，進而失去了黏著緊密的特性，導致作品倒塌，無法維持陳列展示。

在熟麵包體黏著組合時，不管你是用巧克力或糖液皆可，當然若以有添加吉力丁熟化的麵糊或經由熟化的麵糰來黏著，會是最恰當的方式之一，其黏著組合後，能耐室溫高溫與溼度的時間較長，而且跟藝術麵包體屬性也較相近，所表現出的黏著性會更高，在作品設計時，若將黏著組合處適當保留相對卡榫模式，能減少組合時間，並強化黏著穩定性，需要注意的是麵包體絕對不可有烘烤不足或受潮溼而軟化的現象，否則黏著後必定會出現嚴重無法凝固的狀態。

一. 拉糖工藝用冷卻劑

噴霧式鐵罐裝，用途在拉糖組合黏著時，即速降低糖溶化的溫度，快速達到作品組裝時間，可使用在製藝術麵包組合黏著時，減短黏著冷卻時等待凝固的時間，適量使用即可。

二. 黏著組合方式

很多對藝術麵包熟識不多的初學者，在組合黏著時會使用快乾或強力膠糊等不可使用的學黏著劑。這樣的作法雖然達到快速又簡便的黏著，且麵包為熟食作品，絕對不可使用非可食性化學黏劑來組合。

以下黏著組合方式提供為使用參考：

1. 巧克力黏著方式

巧克力切碎在經由溶化後，調溫使巧克力微凝固狀，再進行黏著，黏著後再噴冷卻劑，縮短凝固待置時間。

2. 糖液黏著方式

將砂糖溶化至 135℃～140℃，再進行黏著，黏著後再噴冷卻劑，縮短凝固待置時間。

3. 裸麥粉加吉利丁麵糊

先將吉利丁片冰敷軟化後，再隔水融化成液狀，再與糖水一起加入裸麥粉，充分拌均，再回鍋適當攪拌微凝狀態，再進行黏著，黏著後可以靜置微涼凝固或噴冷卻劑，縮短凝固待置時間。

裸麥粉加吉利丁麵糊配方

材料 Ingredients	百分比%	重量
裸麥粉	100	200 g
沸水	150	300 g
吉利丁	25	50 g

4. 熟化糖麵糊

將已完成糖麵糰加入少許熱水、回鍋攪拌成為硬糊狀、再進行黏著,黏著後噴冷卻劑,縮短凝固待置時間。

熟化糖麵糊配方

材料 Ingredients	百分比%	重量
糖麵麵糰	100	200 g
沸水	30~40	60~80 g

巧克力黏著方式　　糖液黏著方式　　裸麥粉加吉利丁麵糊　　熟化糖麵糊

高跟鞋
High Heel

使用器具 Appliance

矽膠墊　　高跟鞋鋁箔紙墊
烤盤　　　鞋板
切麵刀　　鞋套繪圖紙板
橄麵棍

先設計好高跟鞋的幅度,再以預先準備好的輔助器具,裁切好麵糰烘烤熟後,在進行黏貼組合,即完成美麗的高跟鞋,可使用紅麴粉做為紅色元素表現。

1

先設計鞋板及鞋套,以紙板切割好,用報紙塑形後再外層包覆鋁箔紙,定型為烘烤時底座。

2

再把糖漿紅麴麵糰壓成厚度 3mm,依鞋套跟鞋板圖切割麵糰,鞋板上面可貼一片在來米粉麵糰。

3

鞋根以搓揉的方式成型;做出鞋面、後鞋帶、領結,披覆鋁箔紙,將多餘的部分修整。

4

再套上底座烘烤,以上火 130℃ / 下火 110℃ 溫度烘烤,約 45 分鐘。

5

烘烤後再以糖漿吉利丁麵糊組合黏密,即完成作品。

圍棋
Go (Game)

使用器具
Appliance

矽膠墊
烤盤
切麵刀
棋盤絹版
棋子矽膠凹槽
橄麵棍
毛筆

圍棋做法分旗盤跟棋子，棋盤畫線需直橫線分明，所以不須套用網版絹印技巧，絹印麵皮後再經由烘烤來完成，棋子需使用凹圓模具，經由烘烤膨脹後完成兩面互凸現象。

棋盤製作

1
準備一個圍棋絹板，毛刷與塑膠刮板。

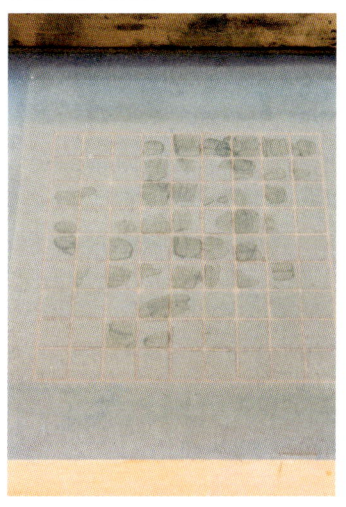

使用糖漿白麵糰壓延光亮，壓延至厚度約3mm長方形，靜置，鬆弛30分。

2
裁切成正方形，需符合絹版尺寸。再將棋盤捐版覆蓋在麵糰上，將巧克力麵糊捐印在麵糰上。

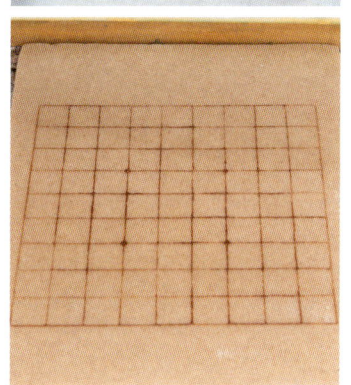

3
將四周多餘麵糰再修正，再將四邊切齊。

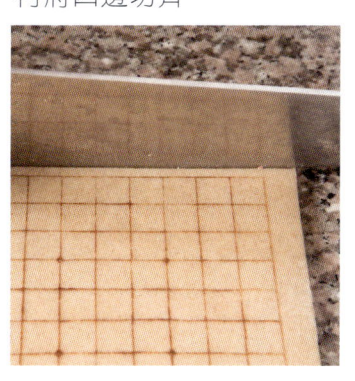

4
上火130℃ / 下火110℃烘烤，約40分鐘即完成作品。

棋子製作

1
使用玫瑰白麵糰與添加竹炭的糖漿麵糰將兩種麵糰壓延光亮將麵糰，分割同等重量，再搓揉成圓球狀。

拿出已作好的矽膠凹槽，將麵糰放在上面，進烤爐低溫烘烤，上火110℃ / 下火110℃烘烤，約30分鐘即完成作品。

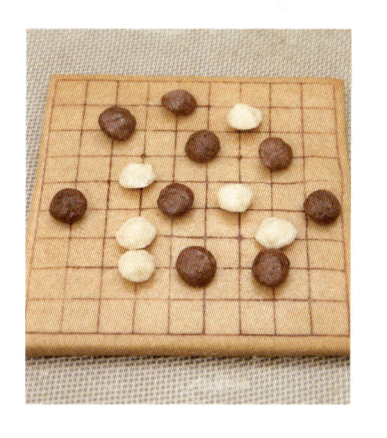

CHAPTER 4

戰鼓
Chinese War Drum

使用器具 Appliance

鼓型模具
矽膠墊
烤盤
切麵刀
杏仁膏捏塑道具
橄麵棍

使用糖漿麵糰套入模具,經烘烤後完成基本粗胚,再披覆鼓身跟鼓背,加上鼓旁的釘扣,再經由低溫烘烤成型。

1

使用鼓型模具包覆錫箔紙、將糖漿麵糰套入烘烤上火 180℃/下火 180℃約 90 分鐘。

把烤好的粗胚，先修飾切除膨脹與爆裂處，並使用少數麵糰補上缺陷處。

2

壓延一片厚度約 3n/m 糖漿紅麴麵糰，披覆在粗胚兩側圍邊上，用手指沾水，將表面敷抹光亮。

3

壓延一片厚度約 3n/m 在來米麵糰，披覆在粗胚兩側圓鼓上，用手指沾水，將表面敷抹光亮。

4

使用杏仁膏捏塑道具，沿鼓邊圓等距離壓孔洞，再戳揉數粒小圓扁球，壓入孔洞內，形成鼓釘形狀。

5

用麵糰捏出獅頭釦造形，乾燥兩天後再烘烤，上火 130℃/下火 130℃約 30 分鐘，即完成獅頭釦。

6

待戰鼓主題麵糰乾燥兩天後，放入烤箱以上火 130℃/下火 130℃溫度烘烤約 40 分鐘、冷卻後，在雙邊黏獅頭扣，即完成作品。

鬼面盾甲兵
Chinese Shield Soldier

使用器具
Appliance

士兵模具
矽膠墊
烤盤
切麵刀
杏仁膏捏塑工具
細針
小刀
毛刷
盔甲壓模
獅頭壓模

立體 3D 人物製作，需時間與各種技巧來完成，先把基本烘烤粗胚完成，再逐步進行，進而達到主題呈現之目標。

1

使用糖漿麵糰壓延光亮,填裝入模型抹具上。

2

填裝入模型抹具上再經烘烤成基本人形粗胚。

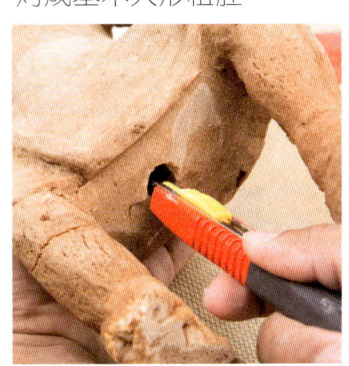

3

第一次修飾眼睛、嘴巴、耳朵、鼻子等輪廓。

4

再壓延一片厚度約 3n/m 糖漿麵糰,披覆在粗胚上。

5

再壓延一片厚度約 3n/m 糖漿麵糰,披覆在粗胚上,待靜置、鬆弛 3 小時乾燥後,烘烤溫度上火 130℃／下火 130℃ 約 180 分鐘。

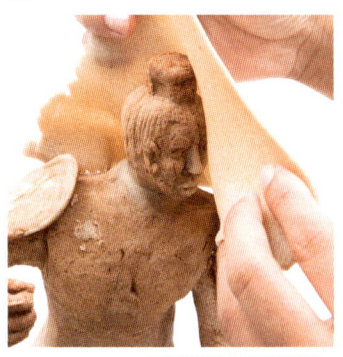

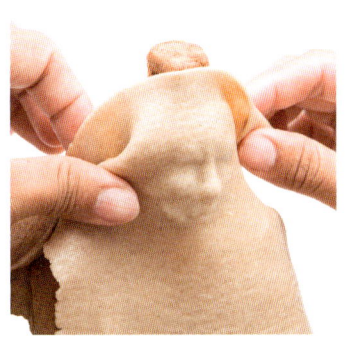

6
烘烤完再做第二次修飾。

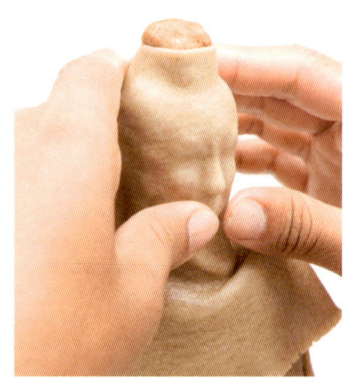

7
先做盔甲。

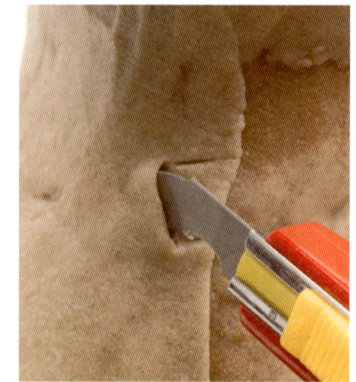

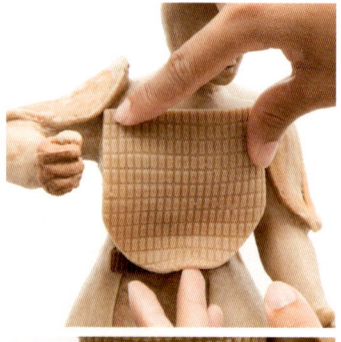

8
頭盔、靴子。

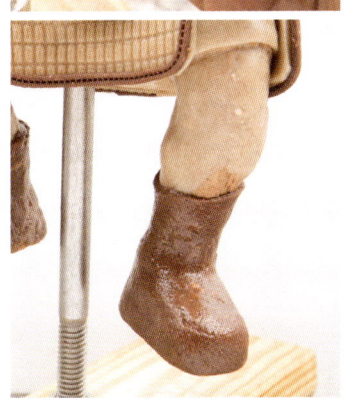

9
細部裝飾,逐一將頭髮、內襯穿上。

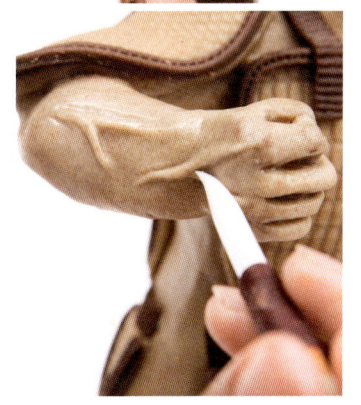

10
鬆弛、乾燥後擦拭蛋液,再進烤箱烘烤上火 130℃ / 下火 130℃ 約 120 分鐘即完成作品。

臺灣藍鵲
Formosan Blue Magpie

使用器具
Appliance

矽膠墊
烤盤
切麵刀
細針
小刀
毛刷

取用適當形狀的麵包當模具，再調製適當顏色披覆身體跟尾巴，雕琢成型。

1
取合適形狀麵包,固定並噴水。

2
取藍色麵糰做主體顏色裹上麵包,調整形狀。

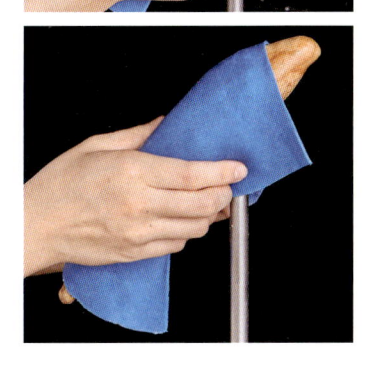

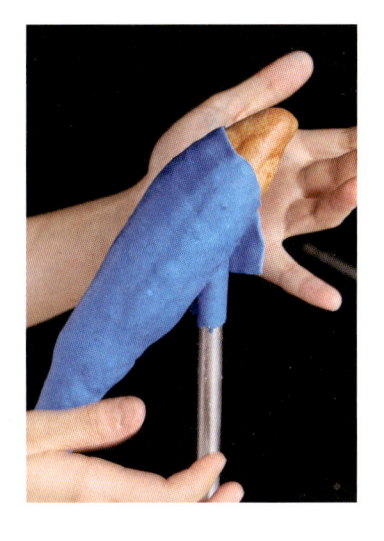

3
取第二張藍色麵糰,裹上主體。

4
取黑色麵糰,做頭部。

5
取長棍將接縫處壓實,並壓出鳥嘴。

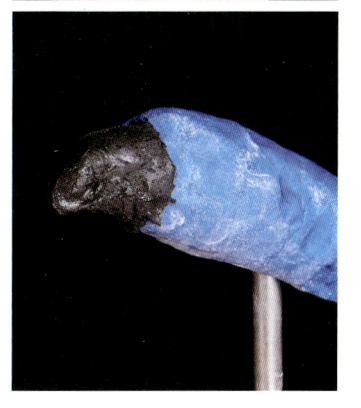

6
撒上些微手粉,開始進行雕刻。

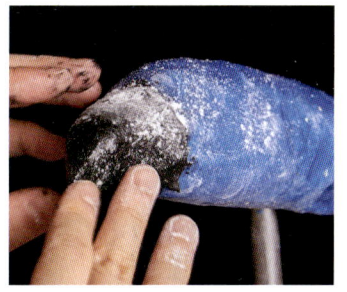

7
取雕刻刀,在表面雕刻出羽毛。

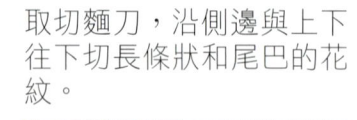

8
完成如圖。

9
進行尾巴的製作,先取藍色麵糰擀長。

10
取切麵刀,沿側邊與上下往下切長條狀和尾巴的花紋。

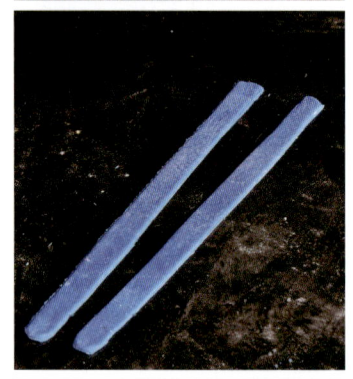

11
回到本體,進行最後的組合與裝飾,先做頭部,黏上眼睛。

12
黏上嘴巴,調整形狀。

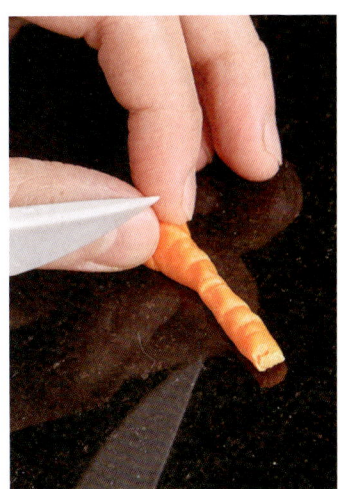

13

最後組裝,在尾巴末端塗上糖液,進行黏合。

14

取橘色麵糰雕刻,製作腳爪。

臺灣黑熊
Formosan Black Bear

使用器具
Appliance

剪刀
矽膠墊
烤盤
切麵刀
小刀
毛刷

取用適當大小的麵包做頭和身體的形狀,再用黑色麵皮進行披覆,補上細節即完成。

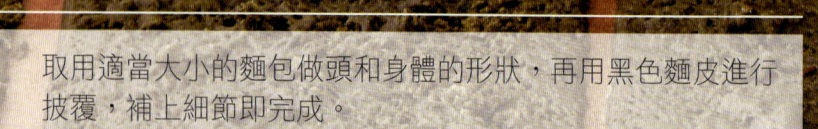

1

取兩顆適當形狀的麵糰做頭與身體,將黑色麵糰擀平進行包覆。

2

修整邊緣與收口。

3

頭與身體組合完成再進行細部調整。

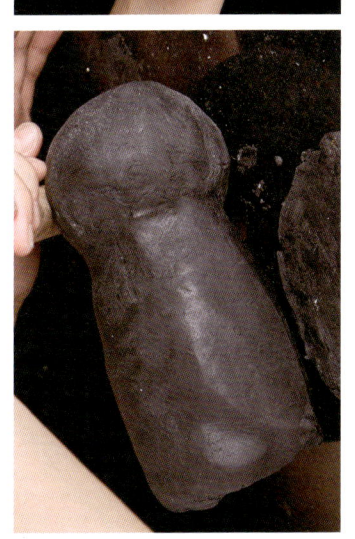

4

依序製作手、腳掌、耳朵、標誌、眼睛。

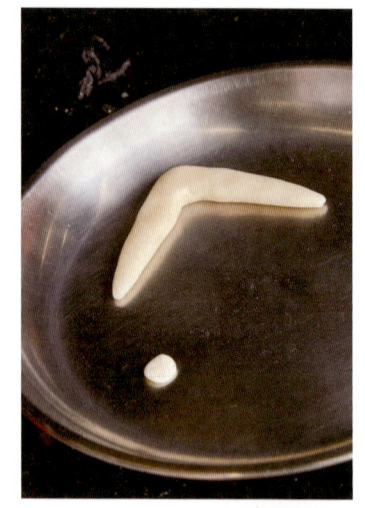

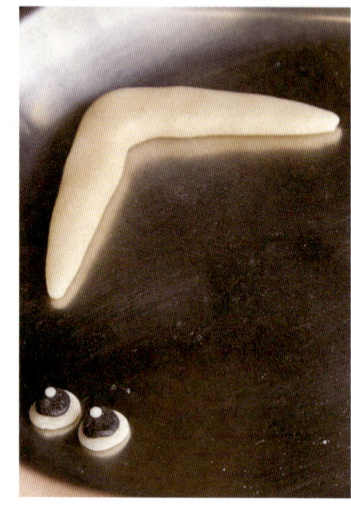

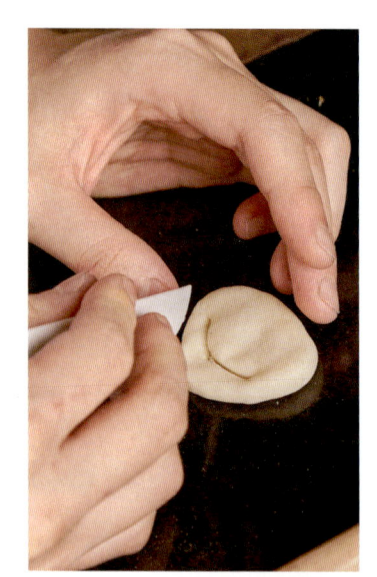

5

嘴巴製作。

6

取一白色麵糰,用切麵刀雕刻出廚師帽。

7

外部裝飾全部完成。

8

將腳,手與身體依序進行組合。

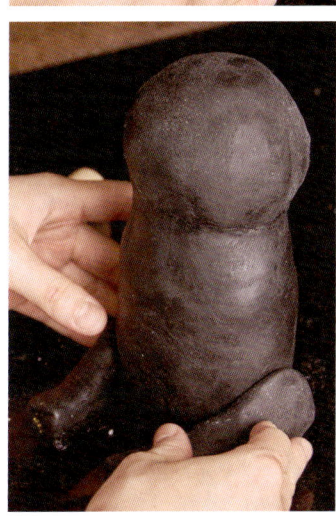

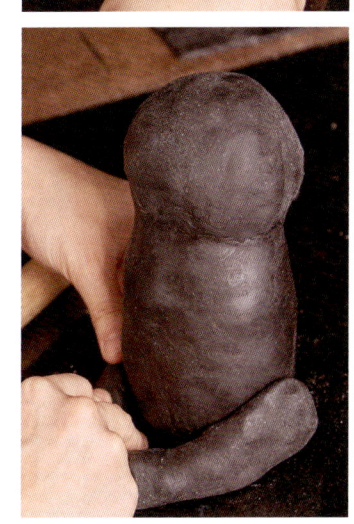

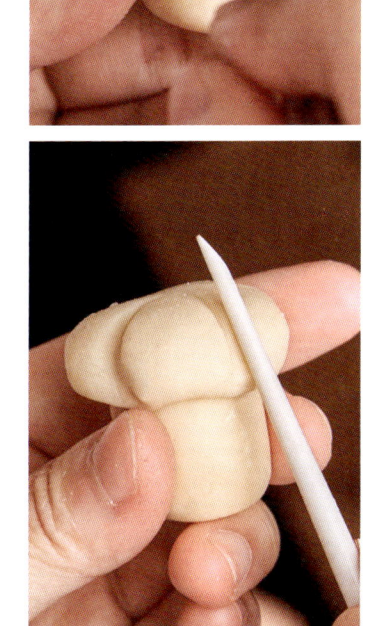

9
組裝手。

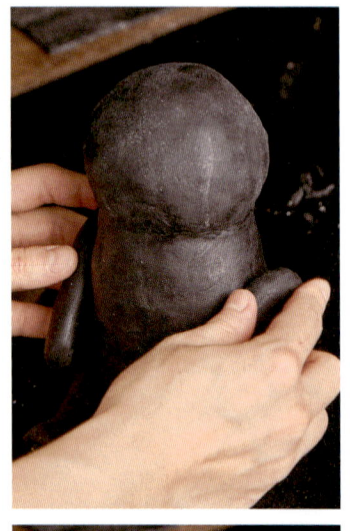

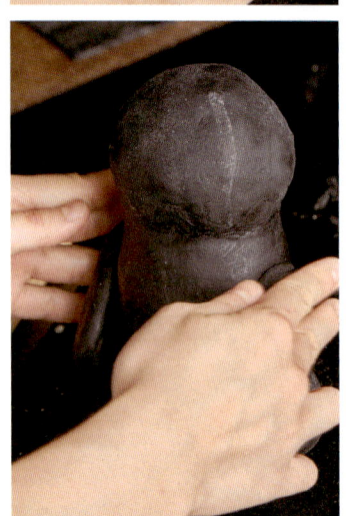

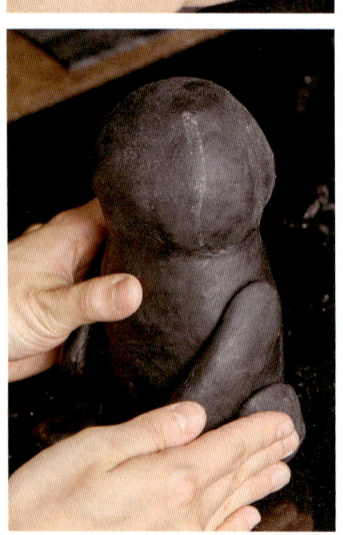

10
胸口標誌裝飾。

11
頭頂沾水,並黏上耳朵。

170

12

臉部沾水，進行眼睛與嘴巴黏貼。

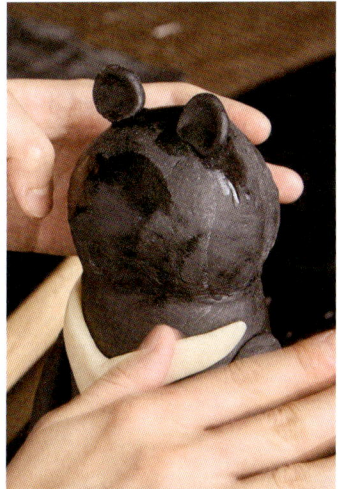

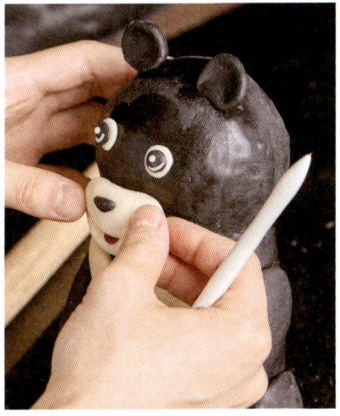

13

最後黏上廚師帽、腳掌，並進行細部修整即完成。

CHAPTER · 4

麵包花
Flower

使用器具 Appliance

波浪板　　細針
鋁箔紙　　小刀
烤盤　　　毛刷
切麵刀　　圓切模
捏塑工具

先取好花瓣彎折的幅度,用預先準備好的輔具。待烘烤熟成後,再進行黏貼組合,即完成美麗的麵包花。

1

取三色麵糰切割，量適當長度切成等腰三角形。

2

將切割好的花瓣依序放上波浪板,調整形狀。進烤箱用 100℃,烤 30 分鐘。

3

壓模製作底盤,用融化糖進行黏合,依序疊起。

4

取圓麵糰黏上白芝麻,組裝完成。

5
花瓣烤好後取出,用糖液進行黏合。

6
第二層花瓣黏合。

7
花瓣,葉子依序黏合後,進行最後烘烤後即完成。

CHAPTER 4

女神
Beauty

使用器具
Appliance

女神粗胚
矽膠墊
烤盤
切麵刀
捏塑工具
細針
小刀
毛刷

立體人物的製作，需花費大量時間與各種技巧。建議學生可先將基本粗胚烘烤完成後，再依序製作頭髮、身體和衣服等各種裝飾。

1
取黑色麵糰,用切割刀切出頭髮紋路。

2
預備好粗胚,稍微噴水,進行組合。

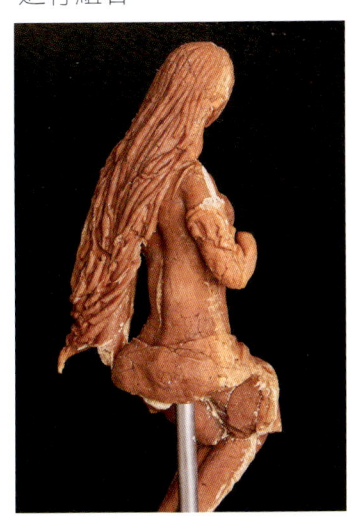

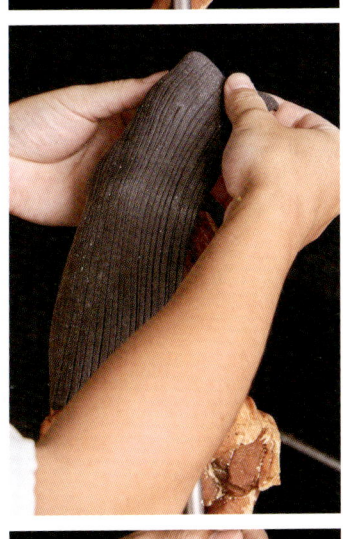

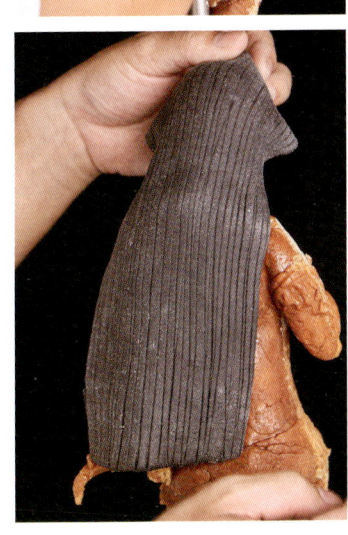

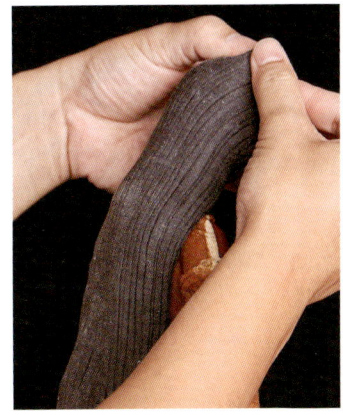

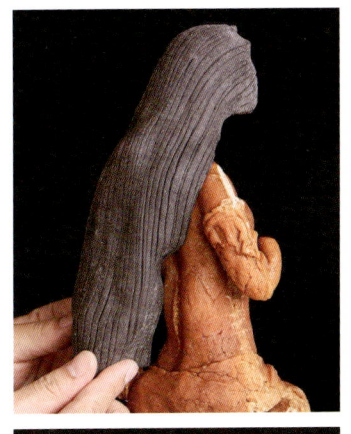

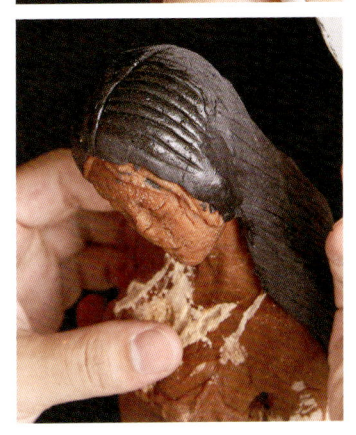

3

製作身體。

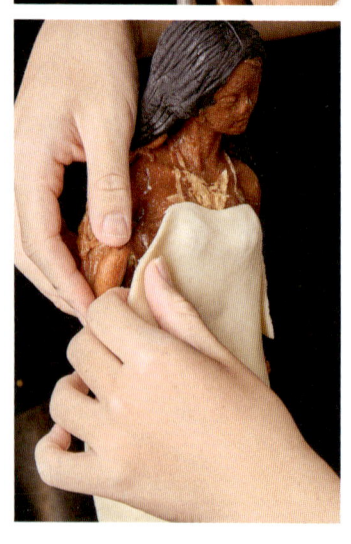

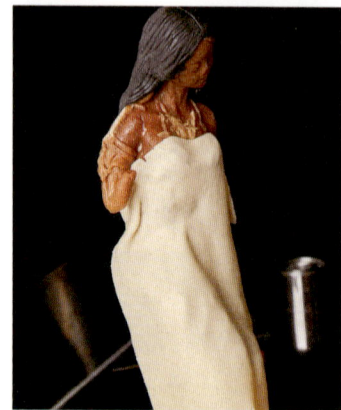

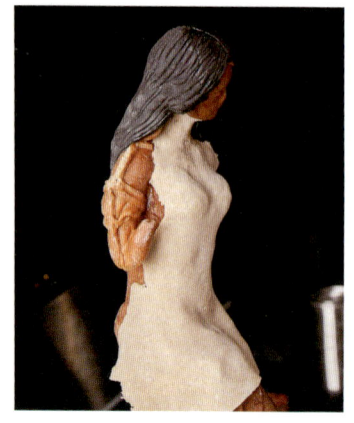

4

製作腳。

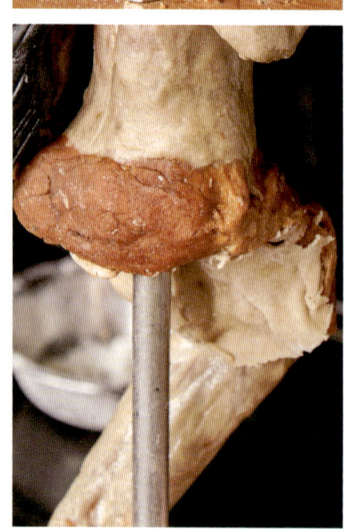

178

5

取小塊方形麵糰製作衣服。

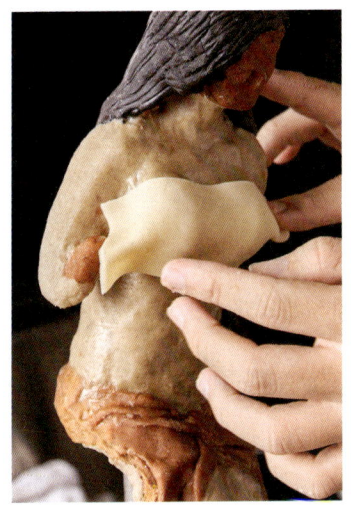

6

取小塊粉色麵糰製作衣服裝飾。

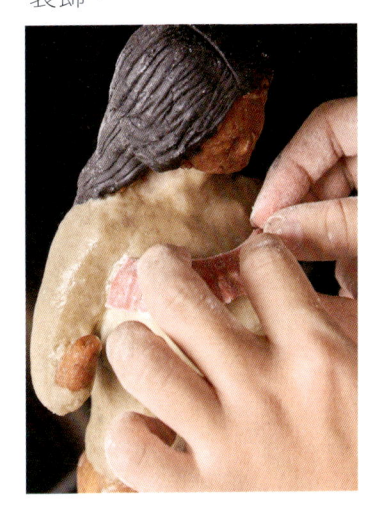

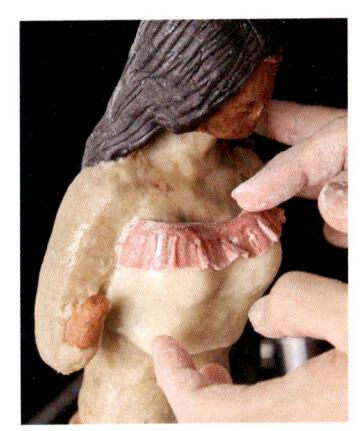

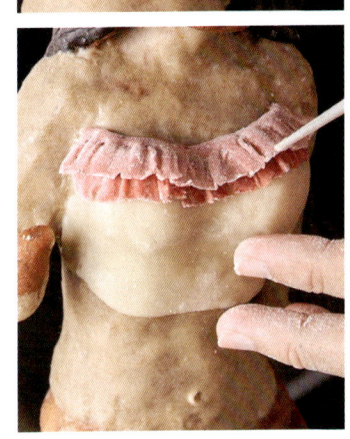

CHAPTER・4

179

7
製作裙子。

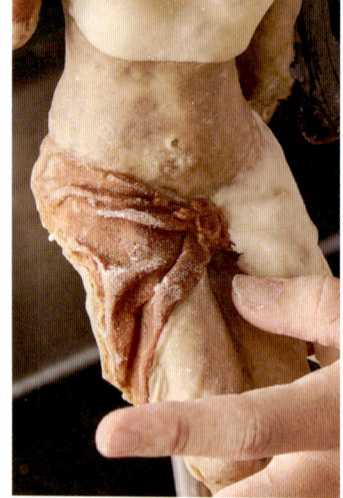

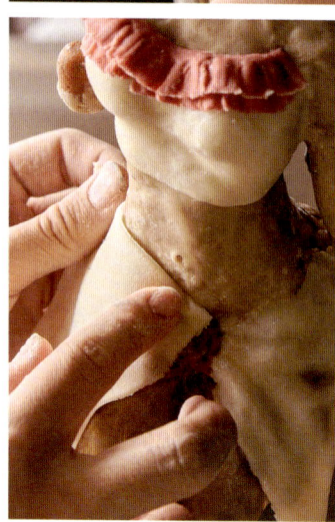

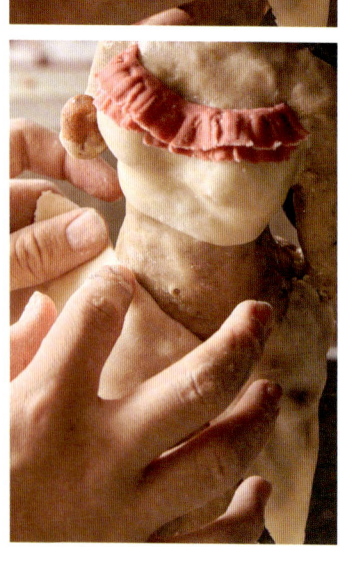

8
黏合手臂,並量合適長度進行組裝。

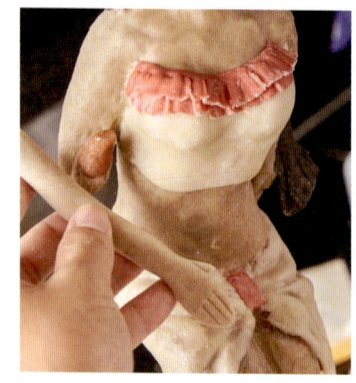

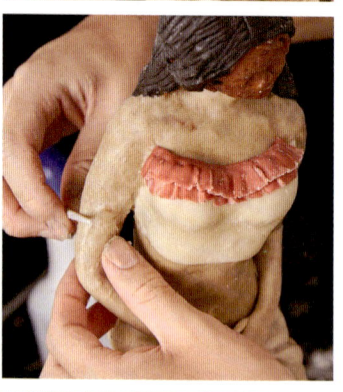

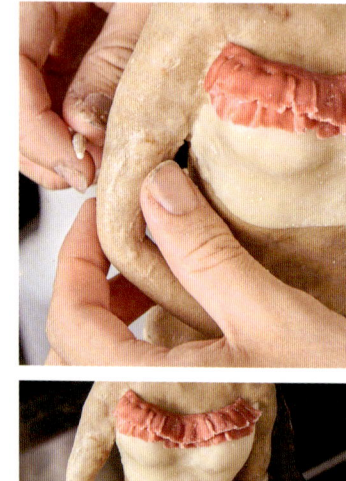

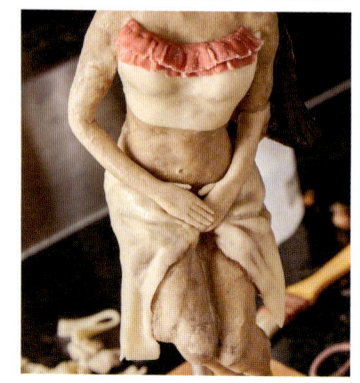

9
取白麵糰製作臉部,進行雕刻。

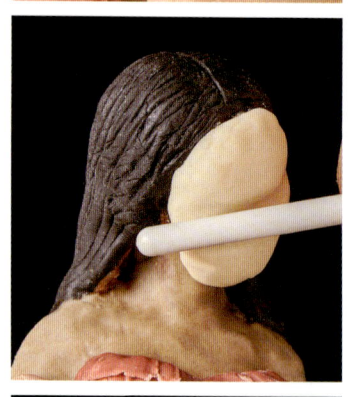

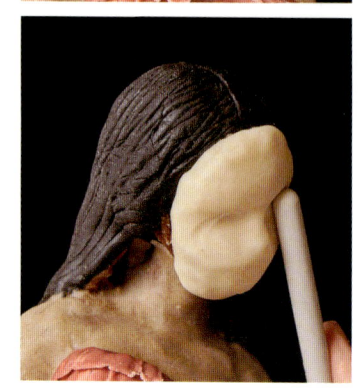

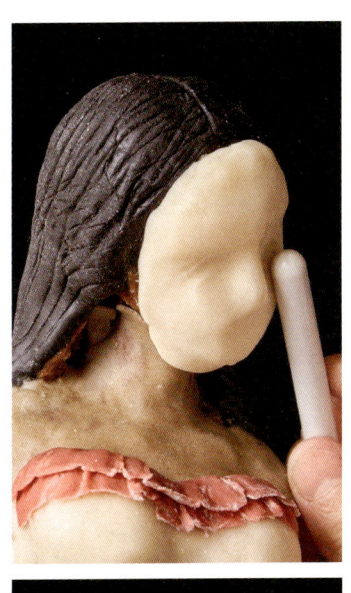

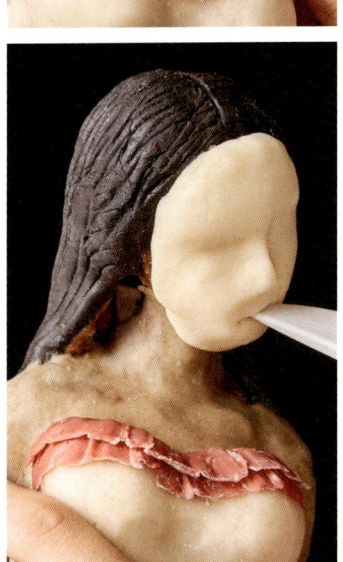

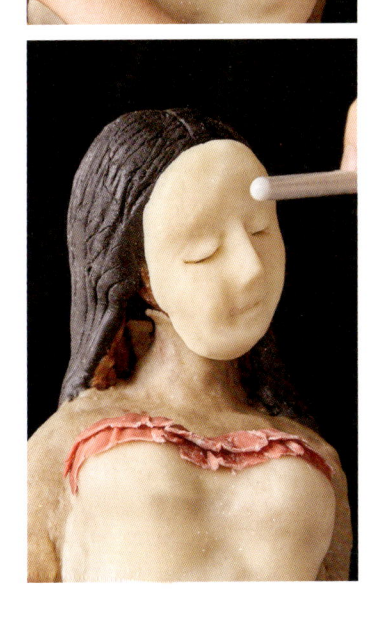

10

取紅色條狀麵糰,搓長製作髮箍。

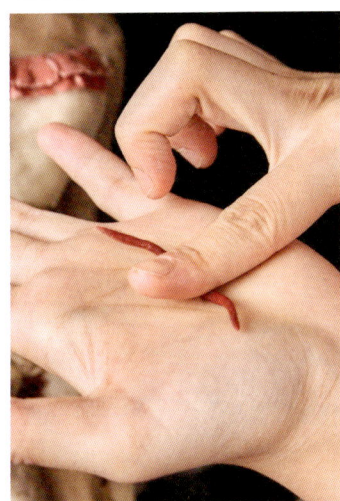

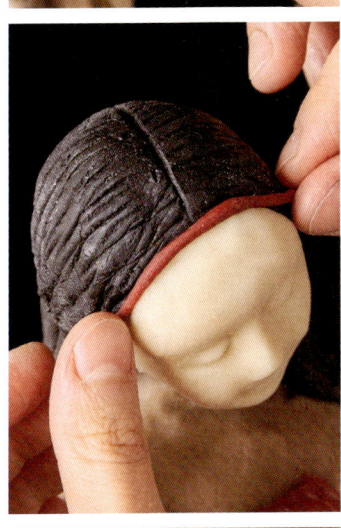

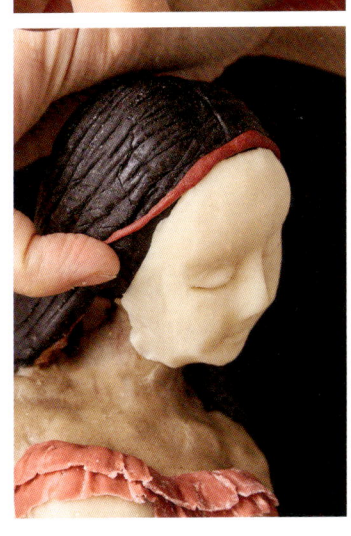

11

依序將鞋子、瀏海、五官、睫毛進行最後修整。

CHAPTER · 4

181

大師精選輯 2
陳文正的世界麵包

Master featured 2　Chen wen-zheng's bread world!

國家圖書館出版品預行編目(CIP)資料

大師精選輯 2, 陳文正的麵包世界 / 陳文正著 . -- 一版 . -- 新北市 : 上優文化事業有限公司, 2024.09
184 面 ; 19x26 公分 . -- (烘焙生活 ; 54)
ISBN 978-626-98932-1-8(平裝)
1.CST: 點心食譜　2.CST 麵包
427.16　　　　　　　　　　　　　　113013006

烘焙生活 54

作　　　者	陳文正
總 編 輯	薛永年
美術總監	馬慧琪
文字編輯	賴甬亨
美　　編	陳亭如
攝　　影	張馬克
業務副總	林啟瑞

出 版 者	上優文化事業有限公司
地　　址	新北市新莊區化成路 293 巷 32 號
電　　話	02-8521-3848
傳　　真	02-8521-6206

協力製作：何閔恩、李羿螢、林珈萱、鄭睿峰、戴安逸 (按姓名筆劃排序)

總 經 銷	紅螞蟻圖書有限公司
地　　址	台北市內湖區舊宗路二段 121 巷 19 號
電　　話	02-2795-3656
傳　　真	02-2795-4100
Email	8521book@gmail.com (如有任何疑問請聯絡此信箱洽詢)

網路書店	www.books.com.tw 博客來網路書店
出版日期	2024 年 09 月
版　　次	一版一刷
定　　價	480 元

上優好書網　FB 粉絲專頁　LINE 官方帳號　Youtube 頻道

Printed in Taiwan
書若有破損缺頁，請寄回本公司更換
本書版權歸上優文化事業有限公司所有　翻印必究

(黏貼處)

大師精選輯 2
陳文正的世界麵包

讀者回函

❤ 為了以更好的面貌再次與您相遇，期盼您說出真實的想法，給我們寶貴意見 ❤

姓名：	性別：□ 男 □ 女	年齡： 歲
聯絡電話：（日）	（夜）	
Email：		
通訊地址：□□□-□□		
學歷：□ 國中以下 □ 高中 □ 專科 □ 大學 □ 研究所 □ 研究所以上		
職稱：□ 學生 □ 家庭主婦 □ 職員 □ 中高階主管 □ 經營者 □ 其他：		

● 購買本書的原因是？
　□ 興趣使然 □ 工作需求 □ 排版設計很棒 □ 主題吸引 □ 喜歡作者 □ 喜歡出版社
　□ 活動折扣 □ 親友推薦 □ 送禮 □ 其他：_____

● 就食譜叢書來說，您喜歡什麼樣的主題呢？
　□ 中餐烹調 □ 西餐烹調 □ 日韓料理 □ 異國料理 □ 中式點心 □ 西式點心 □ 麵包
　□ 健康飲食 □ 甜點裝飾技巧 □ 冰品 □ 咖啡 □ 茶 □ 創業資訊 □ 其他：_____

● 就食譜叢書來說，您比較在意什麼？
　□ 健康趨勢 □ 好不好吃 □ 作法簡單 □ 取材方便 □ 原理解析 □ 其他：_____

● 會吸引你購買食譜書的原因有？
　□ 作者 □ 出版社 □ 實用性高 □ 口碑推薦 □ 排版設計精美 □ 其他：_____

● 跟我們說說話吧～想說什麼都可以哦！

寄件人 地址：
　　　　姓名：

□□□-□□

廣　告　回　信
免　貼　郵　票
三重郵局登記證
三重廣字第0751號
平　信

24253 新北市新莊區化成路 293 巷 32 號

上優文化事業有限公司　收

大師精選輯 2
陳文正的世界麵包　讀者回函

（請沿此虛線對折寄回）

大師精選輯 2
Master featured 2
陳文正的世界麵包
Chen wen-zheng's bread world!

陳文正—著

上優文化事業有限公司
電話：(02)8521-3848
傳真：(02)8521-6206
信箱：8521book@gmail.com
網站：www.8521book.com.tw

上優好書網　　FB 粉絲專頁　　LINE 官方帳號　　Youtube 頻道